超能
金小弟

❹八爪章魚變身術

前情提要

　　無意間撿到從天而降的小隕石，因而獲得神奇超能力的金多智，為了活用總是在關鍵時刻「掉漆」的超能力，他每天都認真學習新的科學知識，目標是成為拯救地球、幫助人類的超級英雄。

金多智

我叫金多智，就讀冷泉國小四年級。

我的夢想是成為超級英雄！

喝！

這顆小隕石賜給我神奇的超能力，

我用眼睛就可以切換電視的頻道。

某天，多智家附近發生了一連串的銀行搶案，充滿正義感的多智變身為紅衣超人，協助警察抓住了搶匪。但是過沒多久，搶匪竟然越獄，緊接著多智被關進了監獄！到底是怎麼回事？

讓自己成為
活用科學的人！

　　各位小朋友，你是否有過這些疑問——「為什麼要學這個？」、「這個知識在日常生活中派得上用場嗎？」

　　本書主角金多智也有相同的疑問，他是個好奇心旺盛的小男孩，每天都向爸爸、媽媽和老師提出各式各樣的問題。從多智提出的問題中，我們可以看到現代教育經常面臨的批評——學校總是教一些無法運用在現實生活中的知識。

　　在本書中，多智經常對生活中大大小小的事情提出疑問，例如燈泡裡的鎢絲為什麼用久了會燒掉？電池如何儲存和釋放電力？透過提出問題與尋找答案，讓多智學到應用在日常生活中的科學原理，這段過程稱為「創意的科學教育」。這種學習方式不僅跳脫制式的教育框架，同時融合了科技、工程等領域的知識，進而可能激發出嶄新的創意。

如今全球各領域都朝向「多元融合」發展，像是智慧型手機、平板電腦等產品，均結合了工程、科學等方面的技術，可說是「融合」的代表性產物，也讓我們的社會和生活有了極大的改變。

世界各國的教育也逐漸朝「多元融合」的目標發展，以臺灣近年興起的「跨學科教育（STEAM）」為例，即是結合科學（Science）、科技（Technology）、工程（Engineering）、藝術（Arts）和數學（Mathematics），不僅培養學生具備全方位的思考力，還能啟發創意性的問題解決力。以往的教育方式讓學生有如待在庭院裡的草地上學習，跨學科教育則是結合多個領域的知識，讓學生彷彿身處於廣闊的森林中探索，開闊視野、增廣見聞，得以不斷增進自己的能力。

如果想讓自己成為能活用科學，而不是被科學束縛的人，可以仿效本書主角金多智，對生活中的大小事都抱持好奇心。也許這樣你就能發現，科學不是寫在課本或考卷上的死板科目，而是與生活密不可分的趣味知識。希望大家都能成為充滿觀察力和想像力的人！

徐志源

事件 1

我被關進監獄了

以前和爸爸去動物園參觀的時候，我看到籠子裡的大象始終待在同一個地方，身體也一直晃動。

　「爸爸，大象為什麼一直在原地晃動？」

　「應該是在跳舞吧！這麼多人特地來看牠，讓牠開心到想跳舞。」

　當時的我沒發現爸爸是在開玩笑，因為遊客確實很多，我甚至自以為有趣的模仿起大象的動作。

　一年後，我在一本講解生物科學的書上發現了大象在籠子裡「跳舞」的真正原因。

　原來大象每天被關在籠子裡，缺乏野外環境中的謀生刺激，如覓食、繁衍，只能重複單調的日子，導致牠的精神狀況不穩定，不停做出搖頭晃腦等沒有目的的動作，這個現象稱為「刻板行為」。

　知道這個殘酷的事實後，想起自己當時還因為覺得有趣而模仿大象的動作，讓我既難過又羞愧，從此再也不去那一間動物園。

　不光是大象，在我查閱百科全書和網路資料
後，才知道其他動物也有可能出現刻板行為。即使
是強壯威武的老虎，也可能因為狹窄的空間和無趣
的生活，造成心理和生理上的壓力，進而做出拔自
己的毛、在原地轉圈，甚至把自己吐出來的食物再
吃進肚子裡。

　不只在動物園，只要觀察那些被人類綁起來或
關起來的動物，就可以知道牠們很渴望自由。像是
被養在家裡的小狗，牠最期待的通常是散步時間，
每當小狗發現主人要帶牠出門的時候，就會不停搖
尾巴、汪汪叫，還會不由自主的流下口水。

　雖然我不是被關起來或綁起來的動物，但是我
感受到的壓力絕對不比牠們小，因為我現在莫名其
妙被關進這間戒備森嚴的監獄。

負責監視我的監獄管理員就像到動物園參觀的遊客，無時無刻不盯著我的一舉一動。我的周圍只有冰冷的牆壁和堅固的鐵門，現在我終於了解被關起來的動物有多麼渴望自由了。

　　不過我是無辜的！

　　我的名字叫做金多智，今年10歲，就讀冷泉國小四年級。雖然我不喜歡，但是班上同學都覺得我沒知識，所以幫我取了「金無智」這個綽號。

　　我還有另一個不為人知的身分——透過我撿到的小隕石賜予的超能力，穿上超級英雄裝之後，我

就能變身為拯救地球、幫助人類的「紅衣超人」。

我不但從火場救出受困的阿姨、保護小朋友不被掉下來的花盆砸到，甚至幫助警察抓到銀行搶匪——我明明是這麼厲害的紅衣超人，為什麼會被關進監獄呢？

從警察叔叔的頒獎典禮回來的那一天，越獄的搶匪突然闖進我們家，他說了一連串我聽不懂的話之後，我的家人就突然攻擊我，讓我昏了過去。當我再次醒來時，已經被關進監獄，而且變成了銀行搶匪的模樣。

「即使被叫做『金無智』也沒關係，只要能看看爸爸、媽媽、姐姐，還有老師和同學們的臉。」

我無助的蹲坐在地上，呆呆的看著鐵門，眼淚不受控制的流了下來。

這時候，突然有人拍了我的肩膀。

「新來的，你為什麼會被關進監獄？」

我不知道怎麼回答這個問題，因為我也不知道為什麼。

被關進監獄那天，我先是待在一個四周都是白色玻璃的小房間裡，然後來了很多警察，問了很多我聽不懂的問題，接著我就被帶到這個房間，和兩個叔叔關在一起。現在和我說話的是話比較多的長

髮叔叔，話比較少的光頭叔叔則待在角落睡覺。

「你怎麼不回答我？難得我們有緣關在同一個房間，接下來每天都會朝夕相處，為了讓你、我都生活得更自在，最好先了解一下彼此。」

我難過到不想說話。長髮叔叔則一邊用梳子梳頭髮，一邊繼續對我說。

「你真沒禮貌，我可是神明的使者！」

雖然情緒低落，但是我的好奇心依舊旺盛，聽到長髮叔叔這番話後，好奇心被點燃的我轉過身。

「對不起，我心情不好，所以不想說話。」

「沒關係，我很寬宏大量，我原諒你。」

「你是神明的使者？為什麼會在監獄裡？」

「都是那些愚蠢的人害的！我費了九牛二虎之力，才從神明那裡偷到未來的啟示，跟他們拿個10萬、20萬作為報酬，也是理所當然的事。那些人居然說我是騙錢的神棍，報警把我抓起來。」

「他們說得對，你就是騙錢的神棍！」

原本在角落睡覺的光頭叔叔突然開口。

「我才不是，我是神明的使者！那你為什麼被關進監獄？」

長髮叔叔好奇的詢問光頭叔叔。

「我無法控制自己喜歡動物的心，像是臺灣黑

熊、石虎、櫻花鉤吻鮭……越是需要保育的動物，我越忍不住想占為己有。那些巡山員和保護協會的傢伙都不能理解我，竟然報警把我抓起來。」

「你就是盜獵者，還說得那麼理直氣壯！」

長髮叔叔一臉不屑的反駁光頭叔叔。

「我們把自己被關進監獄的原因都告訴你了，為了公平起見，你也應該告訴我們，你被關進監獄的原因吧？」

兩位叔叔同時看向我。

「我是冤枉的！」

「哈哈哈！你說得也沒錯，我從來沒聽過哪個犯人覺得自己是罪有應得才被關進監獄。」

「我說的是真的，我什麼壞事都沒做！我的名字叫做金多智，今年10歲，就讀冷泉國小四年級。我想寫一封信給警察，他們看到信就會知道我是無辜的，我就可以離開這裡了。」

我激動的站了起來，大聲訴說自己的冤情。

兩位叔叔互看了一眼，接著大笑出聲。

「看來你是個詐欺犯，都已經被關進監獄了，還不知悔改，連住在一起的獄友都想騙！而且你說謊都不打草稿嗎？你看起來已經30多歲了，竟然敢說自己是小學生！」

長髮叔叔的話讓我沮喪的跌坐在地上。

他說得對！被關進監獄那天，我透過反射燈光的玻璃牆面，看到自己是大人的模樣，連我都嚇了一跳。任何人看到我現在的樣子，都會認為我是大人，不是今年10歲的國小四年級學生。

但是我既不知道自己為什麼會變成現在這樣，也不知道恢復原狀的方法。

「這不是我原本的模樣，我就像被壞人施魔法而變成青蛙的王子，我相信爸爸和媽媽很快就會來把我救出去。」

「神明的使者和變成青蛙的王子，我們這間牢房的成員還真是特別啊！」

光頭叔叔不以為然的說了這句話，長髮叔叔也轉過頭偷偷的笑。

雖然知道他們都不相信我，但我說的是事實，所以我不打算和他們爭論。

這時候，長髮叔叔透過鐵門的欄杆縫隙，發現監獄管理員正在看電視，於是他大聲呼喚。

「管理員大哥，你知道我們房間新來的朋友為什麼被關進監獄嗎？他說他是無辜的，還說自己其實是小學生呢！」

「看來即使被關進監獄，他還是本性難移，真

是個十惡不赦的壞蛋！你們房間那位新來的朋友，是現在全臺灣無人不知、無人不曉的頭號罪犯！」

　　監獄管理員指著掛在牆壁上的電視，上面正在播放關於銀行搶匪的新聞報導。

　　犯下一連串銀行搶案的嫌犯李金道，日前已被逮捕歸案。警方表示，嫌犯被收押在戒備森嚴的監獄中，絕對不會再發生越獄事件。

　　據了解，嫌犯前後共犯下五起銀行搶案，每次

警方順利逮捕銀行搶匪！

犯案都沒有留下任何線索，並且能從警方布下的天羅地網中逃脫，使偵辦一度陷入困境。所幸在警方鍥而不捨的搜索，和熱心市民的協助下，嫌犯終於落網。

　　順利逮捕嫌犯的功臣，除了家喻戶曉的紅衣超人，據警方表示，還有一位機靈的小朋友。經過多方調查後，本臺記者獨家掌握了重要消息──這名機靈的小朋友是某國小四年級的學生，多虧他發現嫌犯的蹤跡，並做出靈活的反應，才讓警方順利逮捕嫌犯。

　　雖然在第一次逮捕後沒多久，嫌犯就用不明方法越獄，並闖入民宅，幸好該戶人家及時進行反制，讓警方在不到半天的時間內，再次將嫌犯送入獄中。

　　雖然第二次逮捕當天即對嫌犯進行偵訊，但嫌犯對犯行矢口否認，不斷強調他是冤枉的，甚至疑

似精神狀況不穩定，說他不是李金道。對此，有關
單位正在研議是否要對嫌犯進行精神鑑定。

　　嫌犯的做案手法仍在調查中，但警方重申，一
定會讓真相水落石出，避免類似的銀行搶案再次發
生，以達到預防犯罪的效果。

　　「我知道這個人！之前管理員大哥看新聞節目
的時候，我也跟著看了一會兒。很多人說這個銀行
搶匪其實是幽靈或外星人，才會具有可以穿過牆壁
的奇異能力。」

　　光頭叔叔也湊到鐵門的欄杆縫隙間，專心的看
起電視。

　　「這個叫李金道的傢伙居然犯下那麼多起銀行
搶案，大家肯定都對他恨得牙癢癢的！對了，他把
偷來的錢放在哪裡呢？」

　　「應該埋在地下吧！等他出獄後，再把那些錢
挖出來，這樣就一輩子不愁吃穿了！」

　　「如果我認識他，就叫他送我一袋鈔票，那該
有多好！」

　　兩位叔叔越聊越開心，但是在新聞節目播放嫌
犯的長相後，長髮叔叔突然愣在原地。

　　「等等，我覺得他的長相有點眼熟……」

「難道你真的認識他？」

長髮叔叔點點頭，接著指向站在旁邊的我。

「他？只是長得很像吧！」

「不，就是他！雖然從這個距離看電視，看得不是很清楚，但是我絕對不會認錯，因為我可是閱人無數的神棍……不對，是神明的使者！他就是李金道！」

聽到長髮叔叔的話後，我急忙揮手否認。

「不是我！我是今年10歲，就讀冷泉國小四年級的金多智……」

「唉！原來你不是詐欺犯，而是像新聞節目上說的，因為被逮捕而出現精神不穩的情況。別擔心，我只要一袋鈔票就好，這對犯下五起銀行搶案的你來說，只是一點小錢吧！」

兩位叔叔不懷好意的對著我笑，讓我十分害怕，急忙躲到房間的角落，將身體蜷縮成一團。

他們好可怕！我好想回家！

爸爸、媽媽、姐姐和熙珠的模樣，一一出現在我的腦海中。

我突然消失不見，他們一定很擔心，或許會到街頭發送尋人的傳單，希望趕快找到我。老師和同學們知道我失蹤後，也會很驚訝和難過，甚至會擔

心我是不是被壞人綁架了。

　　想到這裡，我的眼淚又不聽使喚的流了下來。我明明因為難過而沒喝什麼水，也沒吃什麼東西，為什麼還能流出眼淚？人的眼睛到底可以流多少淚水？為什麼眼淚嚐起來鹹鹹的？鼻涕為什麼會和淚水一起流出來？

　　雖然有很多疑問，可是監獄裡沒有爸爸、媽媽和老師讓我問問題，也沒有網路和百科全書讓我查資料，即使學到這些科學知識也無法讓我擁有新的超能力，這讓我的心情更鬱悶了。

　　如果我帶著小隕石該有多好！有了它，我或許可以運用超能力，逃出這座戒備森嚴的監獄。

　　平常我都把小隕石黏在透氣膠帶上，再固定在鼻孔裡。但是參加警察叔叔的頒獎典禮那天，我因為急著出門，沒有把小隕石帶在身上，而是放在櫃子的抽屜裡。現在想起來，真是太後悔了！

　　我的小隕石沒事吧？媽媽會不會在打掃房間時，把它當成垃圾丟掉？萬一家裡遭小偷，小偷會不會在翻箱倒櫃時，把小隕石當成金銀珠寶帶走？

　　想著想著，我的眼皮慢慢變得沉重，意識也漸漸變得模糊──

　　「多智，快醒醒！」

突然有人用力搖晃我的身體。

「咦？爸爸、媽媽和姐姐，還有熙珠和老師！你們來救我了嗎？」

我高興的從地上跳起來並跑向他們，眼淚和鼻涕都像泉水一樣不斷湧出。

「太好了！我突然變成那個銀行搶匪的樣子，接著被警察關進不見天日的監獄，裡面還有兩個可怕的叔叔，不管我怎麼說，他們都不相信我的話，我真的好害怕！」

我抱著媽媽，說著我這段時間以來的委屈。

「別怕，你只是做了一場惡夢。」

媽媽輕輕摸著我的頭，溫柔的安慰我。

「好險現在夢醒了。」

媽媽溫暖的懷抱，讓我的眼淚就快流下來了。

「對了，多智，媽媽有件事想問你。」

「什麼事？」

「你的錢藏在哪裡？」

「什麼錢？」

我抬頭看向媽媽，卻發現她的表情很奇怪，而且有點眼熟——是我不久前，在兩位叔叔的臉上看到的表情。

「快告訴媽媽，你把那些錢藏在哪裡？」

「到底是什麼錢？」

我滿頭霧水，完全不懂媽媽在說什麼。

「你從銀行偷來的錢啊！」

「我才沒有去銀行偷錢！」

這時候，爸爸、姐姐、熙珠和老師紛紛朝我走過來。

「金多智，別再裝傻了，你明明就是那個銀行搶匪！」姐姐雙手插腰，生氣的對我說。

「我不是銀行搶匪！」

「多智，我們是一家人，有福要同享，快把偷

來的錢分給我們！」爸爸露出和媽媽一樣的表情。

「我沒有偷錢！」

「金多智，老師教過你分享的重要性，你不可以這麼小氣！」老師一如往常的罵我。

「我真的沒有偷錢！」

「多智，我們要的不多，一袋鈔票就好了！」熙珠居然說了和長髮叔叔一樣的話。

「我不是銀行搶匪，我也沒有偷錢！我是拯救地球、幫助人類的紅衣超人！」

我用盡全身的力氣，嘗試掙脫爸爸、媽媽、姐姐、熙珠和老師抓住我的手，卻絲毫沒有作用，眼看他們就快包圍我的時候——

我的眼睛突然睜開，用力的從床上坐起來，心臟也因為驚嚇而怦怦跳著。當我冷靜下來，環顧四周才發現，原來剛才是在做夢。

我鬆了一口氣，卻覺得非常難過。我沒有變回金多智的模樣，身邊也沒有爸爸、媽媽、姐姐、熙珠和老師，我還是被關在冷冰冰的監獄裡。

遇見另一個我

「李大哥，你到底把偷來的錢藏在哪裡？」

自從那天看過新聞，兩位叔叔就時常湊到我身旁問我這個問題。

「聊什麼天！你們以為自己在咖啡廳啊！」

坐在走廊監視我們的監獄管理員生氣的大吼，兩位叔叔立刻像兔子一樣跳開，然後假裝自己什麼都沒做，對著牆壁發呆。我則是自始至終都蹲坐在房間的角落，一個人胡思亂想著。

「哈啾！好冷喔！」

「監獄會給我們厚一點的囚服嗎？」

為了不讓管理員發現，兩位叔叔小聲的聊著天。我聽到他們聊天的內容，才注意到自己的囚服裡還有一件紅色的衣服，所以我不覺得冷。

這件紅色衣服讓我想起我的超級英雄裝——由我最喜歡的紅色上衣、褲子和面罩組成。我好不容易能比較熟練的換裝了，可是這幾天都沒有練習，

改天要出任務時，又會手忙腳亂吧！

　　想起以前練習換裝的時候，自己慌慌張張的好笑模樣，讓我的心情好了一點，可是我立刻又垂頭喪氣了——現在的我根本穿不下那身超級英雄裝，更別說使用超能力去出任務了。

　　如果有小隕石，即使因為大人的身材而無法變身為紅衣超人，但我應該也可以使用超能力，那就能逃出監獄了。一直待在監獄，我根本無法證明我是金多智、不是銀行搶匪，也無法尋找恢復原狀的方法，所以必須先逃出監獄……

　　唉！我就是不知道怎麼逃出監獄啊！

　　這幾天，無論我怎麼思考，都想不到任何逃出監獄的方法，每次都會像現在這樣回到原點。

　　「現在是洗漱時間。」

在這座監獄裡，我們無法知道準確的時間，但是每天要做的事都是規定好的。就像現在，聽到管理員叫我們去洗漱的聲音，我才知道現在大約是早上六點，不過我已經醒來很久了。

房間裡只有一間洗手間，等兩位叔叔都使用完，我才走進去刷牙、洗臉。

「哇！」

一看到鏡子裡的自己，我又忍不住嚇得大叫。幾天過去了，我還是無法習慣這副大人的模樣。

房間的隔音並不好，我大叫的聲音也嚇到了外面的兩位叔叔。

「他應該是全世界唯一一個看到自己的身體會嚇得大叫的人。」

「每天早上都這樣，對心臟很不好，我一定要和他關在一起嗎？」

雖然對兩位叔叔很抱歉，但是我無法控制自己的反應。冷靜下來後，我拿起牙刷和牙膏刷牙。

把不要的電器給我吧！

我原本是習慣用右手的右撇子，變成這副模樣後，我的左手反而比較靈活，似乎變成了左撇子，連拿牙刷的手都改用左手。

洗漱完，當我們在房間裡吃早餐的時候，外面突然傳來監獄管理員和其他人說話的聲音。

「莫古爺爺，這臺電視最近三不五時就故障，不知道是不是該報廢了，請你幫忙看一下。」

手上拿著工具的莫古爺爺，站到椅子上面檢查掛在牆壁上的電視。

「這臺電視的確出了點問題，可能要花點時間維修。你們要修理還是直接報廢？」

「如果能修理就修理吧！我們沒有錢買新電視。莫古爺爺，要給你多少修理費呢？」

聽到電視可以修好，監獄管理員似乎很高興。

「我是來這裡做志工的，不用付修理費，只要給我零件的錢就好。」

「沒問題。多虧你，我們才有電器能用，上次修好了冰箱，之前連冷氣也輕鬆搞定了。」

「如果你們有壞掉、不能用的電器，就把它們給我吧！這樣連零件錢都不用給我了。」

「太好了。我們有一些監視器和無線電對講機已經壞掉很久了，因為型號很舊，零件都停產了，連修都不能修，你把它們帶走吧！我們已經買新的了。監視器裝在那面牆壁上，麻煩你拆下來，我去找找無線電對講機放在哪裡。」

莫古爺爺邊聽監獄管理員說話，修理電視的動作也沒停下，沒一會兒，他就從椅子上跳下來。

「修好了，看看有沒有問題吧！」

「電視有畫面了！莫古爺爺修理電器的能力果然不是蓋的！」

莫古爺爺拿著工具把壞掉的監視器拆下來時，

監獄管理員們開始聊起天來。

「好不容易才把那個李金道抓回來，短時間內應該不會再發生這麼大的案子吧！」

「幸好警察把他逮回來的速度夠快，否則我們肯定會被怪罪沒有盡忠職守。」

雖然我很想問管理員們「銀行搶匪為什麼能從監獄逃走」這個問題，但是他們肯定會覺得莫名其妙，因為在他們眼中，我就是那個不知道用什麼方法越獄的人，居然反過來問他們我是怎麼逃的。

好奇心得不到解答，還有被冤枉的委屈感又湧上心頭，讓我的眼淚不由自主的流了下來。

聽到我的哭聲後，監獄管理員靠近鐵門，從欄杆的縫隙對我說話。

「李金道，你怎麼又哭了？自從越獄被抓回來之後，你三不五時就哭。」

我搖搖頭。「沒事，我只是在擔心家人。」

「既然會擔心家人，當初就不要做壞事啊！」

監獄管理員一邊嘆氣，一邊走回去看電視。

為了不讓監獄管理員繼續追問，我隨口說了一個理由，雖然這不是我哭的真正原因，但我確實很擔心銀行搶匪會對我的家人做出不好的事。

根據我以前看過的卡通和電影，壞蛋逃走後，

經常對抓住他的人展開報復計劃。銀行搶匪知道我就是紅衣超人，也知道警察是因為我才能抓到他，我很擔心搶匪會因此報復我的家人。

當我想東想西的時候，莫古爺爺已經把牆上的監視器拆下來了，他在走廊上走來走去打發時間，等管理員把無線電對講機找出來給他。

隨著喀噠、喀噠的腳步聲逐漸逼近，莫古爺爺來到了我所在的房間，他從鐵門的欄杆縫隙看向我，我也因為好奇而看向莫古爺爺。忽然間，我覺

得自己似乎在哪裡看過這個人，卻遲遲想不起來。

「我的機器壞掉了嗎？」

爺爺戴著的帽子發出嗶嗶聲，看到那

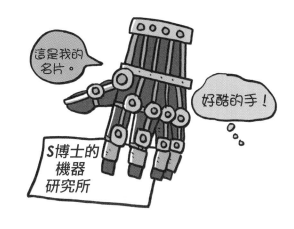

頂有天線的奇怪帽子後，我終於想起來了，他是我之前在放學回家路上遇到，在路邊蒐集電線和電子零件的機器人爺爺。

爺爺和我說過，包括左手和雙腳，他身上還有很多地方都是用鋼鐵製成的機器。當時爺爺拿了一張名片給我，上面寫著「S博士的機器研究所」，並歡迎我有空去參觀。

雖然我認出了爺爺，但是他應該不認得我，因為我現在是大人的模樣，不是他之前遇到的國小四年級學生。

「太奇怪了！」

爺爺不斷調整頭上的帽子，同時用疑惑的眼神環顧四周，當我和他的目光再次交會時，爺爺露出了驚訝的表情。

「難道我的機器真的壞掉了？為什麼會顯示你

是上次我遇到的那個擁有超能力的小朋友？可是你怎麼看都是個大人啊！到底是怎麼回事？」

　　看來爺爺上次就是透過那頂有天線的帽子，發現我用超能力知道了他的想法，再用那頂帽子和我進行心電感應。而且，那頂帽子或許還具有辨識及記錄眼前的人的功能。

　　雖然我很想趁機向爺爺求救，但是直接和他說話會引來兩位叔叔和管理員的注意，如果他們因此警戒我，以後我要逃出監獄會變得更困難。

於是我集中精神，試圖將求救訊息用心電感應傳給爺爺。小隕石不在身上，我不知道這個方法能不能成功，總之先試試看吧！

　　爺爺，你說得對，我就是你上次遇到的那個擁有超能力的小朋友，我的名字叫做金多智，今年10歲，就讀冷泉國小四年級。

　　爺爺一直調整頭上的帽子，不知道我的想法有沒有傳送給他。

不知道為什麼，我變成了銀行搶匪的樣子。小隕石不在身上，所以我無法使用超能力，請爺爺到我家把小隕石拿給我，這樣我就能用超能力逃出監獄。我的小隕石放在……

　　我還沒想完，爺爺突然把頭上的天線帽子拿下來，翻來覆去的檢查。

　　「該不會是沒電了？」

　　「莫古爺爺，你在做什麼？對了，我找到無線電對講機了。」

　　「謝謝你，裡面有些零件還能用，那我就把壞掉的監視器和無線電對講機拿走囉！」

　　爺爺臨走前，又從鐵門的欄杆縫隙看了我一眼，我把握機會，用真摯的表情看著爺爺，希望我剛剛的想法有傳達給他。

　　但是爺爺沒有任何反應，什麼都沒說就離開監獄了。

　　唉！看來我的想法沒有傳送給爺爺。

　　「我會變成怎樣呢？」

　　好不容易出現的希望之火就這樣熄滅，我難過得自言自語。

　　「你說不定會被判死刑喔！」光頭叔叔湊到我身旁，幸災樂禍的說著。

　「應該不至於吧！但是如果不老實說出偷走的錢的下落，我想你這輩子都會被關在監獄。」長髮叔叔也跑過來，相當肯定的說著。

　這些假設光聽就讓我害怕到頭皮發麻。不行，我一定要想辦法洗刷自己的冤屈，證明我是金多智，不是銀行搶匪。

　當我重振精神，準備思考接下來該怎麼辦的時候，監獄管理員突然打開房門。

　「李金道，有人要和你會面。」

　「和我會面？」

　雖然一頭霧水，我還是跟著監獄管理員走。

到了接見室，我看見兩個人坐在玻璃對面的椅子上——是我的爸爸和媽媽！

我立刻跑到玻璃前，同時流下了委屈的眼淚。

「爸爸、媽媽，我好想你們！為什麼現在才來看我？」

「你在說什麼？」

「你們不認識我了嗎？我是多智啊！」

我激動的用手捶打玻璃，爸爸和媽媽看到我激動的樣子，不由得站了起來，並往後退了幾步。

這時候，我發現媽媽看起來很害怕，爸爸則是充滿了警戒。

爸爸和媽媽的表情讓我冷靜了，也明白了他們為什麼會有這種反應——雖然我的內心是他們的兒子金多智，外表卻是和他們年紀相近的大人，而且是惡名昭彰的銀行搶匪，這種人竟然叫他們爸爸、媽媽，他們當然會覺得驚訝又恐慌。

我擦了擦眼淚，儘管我有滿肚子的委屈，但是這個時候如果繼續大吼大叫的說「我是金多智」，恐怕會讓他們更慌張或厭惡，甚至因此提早結束會面。

爸爸和媽媽應該是有重要的事，才會來監獄見我，我必須把握這個機會，冷靜的應對，說不定他

們會成為我離開監獄的關鍵。

「我剛才是在演戲啦！你們應該是因為寶貝兒子金多智失蹤了，感到緊張、無助吧？」

「你怎麼知道我兒子叫金多智？」媽媽疑惑的看著我。

「雖然我不知道你們的兒子金多智在哪裡，不過我知道他現在很安全，再耐心等候一陣子，他很快就會回家了，不用太擔心。」

「你說的是真的嗎？」爸爸的聲音變得尖銳。

「我知道金多智小朋友房間的抽屜裡，放著一顆不起眼的小石頭，如果你們把那顆石頭拿給我，我保證金多智小朋友很快就可以回家了。」

我特地拐彎抹角的請爸爸、媽媽把小隕石拿給我，沒想到爸爸竟然用力拍了桌子，接著雙手插腰瞪著我。

「李先生，你真的是個無可救藥的壞蛋！」

「咦？」

「只因為我們家多智幫警察抓到你，你越獄後不但闖進我們家，還想綁架多智，幸好我及時用棒球球棒打昏你，才沒讓你得逞！沒想到你被關進監獄後還不知悔改，現在竟然想騙我們說多智失蹤了，藉此威脅我們把多智的東西交給你！你不覺得

自己太過分了嗎？真不像個大人！」

　　我從來沒看過這麼生氣的爸爸，讓我非常慌張，不停揮動雙手否認。

　　「你誤會了，我沒有想對金多智小朋友做什麼壞事，而且我不是銀行搶匪，我是冤枉的，請你們相信我！」

　　「別說了，我真的不知道自己為什麼要來這裡和你見面，你根本不知道什麼叫做反省！像你這種危險又狡猾的犯人，最好永遠被關在監獄裡，一輩子都別出來！」

　　此時，媽媽打開接見室的門，對著外面說。

　　「沒錯，我們根本不應該來和這種十惡不赦的罪犯見面！多智，你為什麼說要來見他，卻又待在

外面不進來？算了，這種壞蛋的臉不看最好，我們趕快回家吧！」

沒多久，一個人緩緩走進接見室──是我！不對，是長得和我一模一樣的人！

我睜大了眼睛，什麼話都說不出來，不敢相信自己看到的畫面。

「爸爸、媽媽，你們別生氣了。新聞報導搶匪叔叔的精神狀況不穩定，我很擔心，才想過來探望他。我想知道他到底要對我做什麼，所以待在外面不進來，這樣就能套出他的話。」

那個長得和我一模一樣的人慢慢走到爸爸和媽媽的身旁，他悠哉的樣子徹底點燃了我的怒火，我用力捶打玻璃並大聲吼叫。

「你不是金多智！你是誰？」

「住手！你想對我們家多智做什麼？」

爸爸和媽媽同時用身體擋住那個人，像是要保護他免於被生氣的我攻擊。這個狀況讓我更生氣了，他明明不是我，爸爸和媽媽為什麼要保護他？

那個人似笑非笑的看著我。「爸爸、媽媽，別擔心，搶匪叔叔被關在監獄裡，不能對我做什麼壞事，而且他是被我抓到的，我才不怕他呢！」

我仔細看著眼前這個假的金多智。

「你到底是誰？為什麼要裝成金多智？」

「我才想問你到底要做什麼呢！為什麼一直胡說八道？」

那個人沒有回答我的問題，反而是爸爸氣得大聲罵我。

「爸爸，搶匪叔叔的精神狀況不穩定，你別和他計較了。」

那個人拉著爸爸的衣服撒嬌，還裝出貼心、乖巧的樣子，讓我看得渾身都起了雞皮疙瘩。

「我們家多智太善良了，連這種罪大惡極的銀行搶匪，你都對他這麼溫柔。那個壞蛋卻不知感恩，竟然說你是假的多智！」

媽媽輕輕摸了那個人的頭，轉頭卻用凶狠的眼神瞪我。第一次被媽媽這樣對待，我不知所措，眼淚不聽使喚的流下來。

他不是金多智！我才是金多智！

這時候，我發現假的金多智有一個習慣性的動作──他說完話會摸一下自己項鍊上的石頭。那顆石頭的外觀和我的小隕石很像，不過尺寸比較大，應該和大拇指的指甲一樣大。

我還發現另一個奇怪的地方──我是右撇子，但是剛才打開門和拉爸爸衣服的時候，假金多智用的都是左手。

「我們回家吧！我不想再和這個人說話了！」

爸爸牽起假金多智的手，準備離開。

「不要走！拜託你們！」

即使我求他們留下來，爸爸和媽媽卻頭也不回的打開接見室的門。

「金多智是個右撇子，你們身旁那個冒牌貨卻是個左撇子！請你們相信我的話，看清楚那個騙子的真面目！」

聽到這句話後，爸爸和媽媽的腳步停了下來，驚訝的互看了一眼，接著把目光同時移到假金多智身上。假金多智卻假裝什麼都不知道，牽著爸爸、媽媽的手往外走。

　　在接見室的門完全關上之前，假金多智偷偷回頭看了我一眼，並露出得意的笑容。從假金多智的眼神中，我可以看出他想對我說：「雖然你真的很努力想揭穿我，但一切都是徒勞無功！」

　　砰！

　　接見室的門關上後，我全身的力氣彷彿被抽光似的，無力的癱坐在椅子上。

　　狀況對我越來越不利了，連爸爸和媽媽都不認識我，還有冒牌貨假裝成我！我到底該怎麼辦？

左撇子和右撇子

為什麼有左、右撇子的差異？

「慣用手」是人類習慣使用的手，我以前看過一篇報導，裡面提到全球只有10%的人的慣用手是左手，稱為「左撇子」；大多數人的慣用手都是右手，稱為「右撇子」；還有少部分的人可以靈活使用左、右手，稱為「左右開弓」。

為什麼會形成左撇子、右撇子或左右開弓呢？其實研究人員還沒找到決定性的因素，不過通常認為和遺傳有很大的關係。此外，也有科學家提出天生、胎兒期的姿勢、環境與教育等因素，都可能對慣用手造成影響。

多智什麼時候變成左撇子了？

大口吃！

左、右撇子對智力有影響嗎？

　　科學家富蘭克林、藝術家達文西、印度國父甘地等，還有許多棒球、桌球、籃球的選手，他們都是左撇子，難道左撇子比較聰明嗎？答案是錯的。

　　科學家研究後發現，沒有科學證據可以證明左撇子的智力比右撇子高，左、右撇子在智商測試中的得分也沒有明顯的差距。部分左撇子運動員的表現比較出色，是因為對手通常是右撇子，不習慣左撇子的進攻模式。

喝！

在棒球場上，左撇子通常比較占優勢，因為對手大多是右撇子，他們不熟悉左撇子的運動模式，所以許多隊伍會特地培養左撇子的選手。

章魚逃獄事件

「唉！」

自從被關進監獄以來，我已經不知道像這樣嘆過幾次氣了。

就像被關在籠子裡不停搖頭晃腦的大象，我的腦袋似乎也變得奇怪了，有時候甚至會覺得我就是銀行搶匪李金道，真的金多智正在家裡過著幸福快樂的日子。

忽然間，鐵門打開的聲音把我拉回現實，原來是監獄管理員走進來，拿了一個箱子給我。

「李金道，有人送食物來給你吃。」

和我住在同一間房的兩位叔叔立刻跑到我旁邊，爭先恐後的想知道是什麼東西。

「誰送來的？」

監獄管理員搖搖頭。「不知道是誰送的，箱子上只寫了要給李金道。依照規定，我們已經檢查過裡面的食物，待會兒也會監視你吃東西的樣子，你

可別想耍花招！」

　　監獄管理員離開後，我打開箱子，發現裡面裝了一些麵包和餅乾。

　　兩位叔叔不約而同的用渴望的眼神看著我，聰明的我很快就理解他們在想什麼。

　　「大家一起吃吧！」

　　兩位叔叔立刻拿起箱子裡的麵包和餅乾，狼吞虎嚥的大口吃下肚。

　　「真好吃，好久沒吃到零食了！」

　　「雖然監獄裡的飯菜不差，但是偶爾給點零食會更好……唉呀！」

長髮叔叔突然發出慘叫聲，然後從嘴裡拿出一顆小石頭。

　　「竟然有石頭，害我的牙齒差點掉下來！」

　　生氣的長髮叔叔準備丟掉小石頭時，我覺得那顆小石頭有點眼熟。

　　「等等！」

　　我心急的抓住長髮叔叔的手，結果和我想得一樣，那顆小石頭就是我的小隕石！

　　我激動得全身發抖，這副模樣顯然嚇到了兩位叔叔，我抬起頭，發現他們都用疑惑的眼神看我。

　　「亂丟東西會害我們被監獄管理員罵，我幫你拿去垃圾桶丟吧！」

　　我把小隕石從長髮叔叔的手上拿走，由於只有洗手間有垃圾桶，所以我很自然的走向洗手間。

　　「你說得對，那就拜託你啦！」

　　雖然覺得我很奇怪，但是長髮叔叔急著吃零食，很快就把這件事拋在腦後。

　　我走進洗手間後，馬上把小隕石放進自己的褲子口袋裡。

　　雖然想立刻試試看能不能發動超能力，但我剛剛說自己是來丟垃圾，萬一在洗手間待太久，會引起兩位叔叔和監獄管理員的疑心，因此我決定之後

再找機會嘗試。

當我從洗手間走出來的時候，兩位叔叔還在拼命吃東西。

「你噗吃嗎？」光頭叔叔的嘴巴被麵包塞得滿滿的，口齒不清的問我。

「我沒什麼胃口，都給你們吃吧！」

「太好了！」長髮叔叔的嘴邊沾滿了巧克力，手上還拿著好幾塊餅乾。

沒想到小隕石會突然出現在這裡，我的心臟因為高興和緊張而不停怦怦跳。

沒一會兒就吃完所有麵包和餅乾的兩位叔叔，挺著圓滾滾的肚子，滿足的躺在地板上休息。

發現兩位叔叔都沒有在注意我，於是我摸了摸褲子口袋裡的小隕石，決定趁機嘗試發動超能力。

從我最早擁有的超能力——放電的超能力開始嘗試吧！

我不停摩擦雙手，接著把微微發熱的手放在頭頂，全神貫注的試著發動超能力，但是我的身體卻遲遲沒有和以前一樣，出現超能力降臨的預兆。

即使如此，我還是繼續摩擦雙手，直到手掌燙到像快著火似的，仍然沒有任何電流產生。

看來電的超能力是沒希望了，我決定嘗試變成

透明人的超能力。

　　光是集中精神，或許不足以發動超能力，應該再做點什麼事。

　　我努力回想以前看過的卡通和電影中，超級英雄們變身的場景——對了，他們變身時會先做出一連串的動作，最後再擺出帥氣的姿勢。

　　於是我左手插腰，右手則高高舉起，然後在原地轉了好幾圈。雖然有點頭昏眼花，但我還是努力站穩，擺出我認為最帥氣的姿勢。

　　這樣應該可以了吧？我趕緊脫下身上的衣服。

　　「你們看得到我嗎？」

　　房間裡沒有鏡子，我擔心走到洗手間的時候，超能力就消失了，所以直接問兩位叔叔。

「看不到啊！」

躺在地板上的光頭叔叔立刻回答我。

「真的嗎？太好了！」

我高興得手舞足蹈。

「我只看到一個光溜溜的暴露狂在跳舞。」

長髮叔叔隨即對鐵門外的監獄管理員大喊。

「管理員大哥，可以把李金道送到其他房間嗎？他的行為好詭異，我越來越害怕他了！」

長髮叔叔這番話讓我知道，我並沒有變成隱形人，光頭叔叔八成是懶得理我才隨口說說。

變成隱形人的計劃失敗，還在兩位叔叔和監獄管理員的面前做了傻事，讓我覺得沒臉見人，於是我拿起剛剛脫掉的衣服就衝進洗手間。

我哭了很久，直到筋疲力盡，才慢慢冷靜下來，開始思考有了小隕石，卻還是無法發動超能力的原因。

對了，為了得到不同的超能力，也為了讓超能力維持得更久，我學習了很多科學知識。那現在⋯⋯仔細想想，我竟然連一個知識都不記得！

怎麼可能！我學了那麼多知識，還經常看筆記本複習，即使被關進監獄，也沒道理全部忘光啊！

難道有人對我的記憶動了手腳，把發動超能力

所需要的科學知識都清除了？

　　我努力回想，卻完全想不起來自己學了哪些知識，腦袋裡一片空白。

　　等等，那我是不是學習新的科學知識，就可以再次發動有關的超能力了？

　　可是我要從哪裡學習新的知識？監獄裡沒有可以讓我問問題的人，也沒有地方可以讓我找資料。

　　看電視？監獄管理員只會看新聞和綜藝節目，即使我努力往外看，也無法獲得科學知識。

　　我東張西望，想找找看哪裡可以讓我學習知識，忽然間，我看到兩位叔叔把餅乾盒子丟在垃圾桶裡，而盒子上似乎寫著什麼東西。

人類的身體可以分為許多部位，這些部位都是由不同的細胞所組成。細胞非常小，必須透過顯微鏡才能看到。細胞聚集在一起就成為組織，組織聚集在一起並具有功能就成為器官，不同器官在一起相互協

〈人體構造概略圖〉

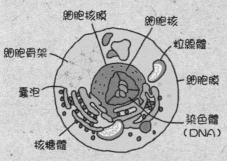

〈人體細胞構造概略圖〉

調運作就成為身體。
　　一個成年人全身共有約37兆個細胞，細胞的壽命根據它的種類和所屬器官而不同，像是腸道的表皮細胞只能存活短短幾天，大腦的神經細胞卻能跟著人一輩子。根據科學家的估算，人體每秒約有380萬個細胞消失，也有約380萬個細胞產生。
　　皮膚是人體最大且最重的器官，不只能避免身體被外來物質入侵，還具有保暖和感覺等作用。一個人的皮

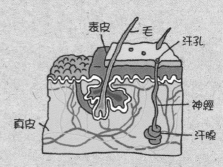

〈人體皮膚構造概略圖〉

膚面積大約是1.6平方公尺，重量是10～12公斤，厚度則會因為部位而不同，最厚的手掌和腳掌厚度大概是4公釐，最薄的眼皮厚度卻只有約0.5公釐。

骨頭的功用是和肌肉進行聯合運動、支撐身體和保護身體重要器官，所以它非常堅硬，但是重量只占了人體總重量的15～18%，也就是2～4公斤。不過有科學家做過調查，發現人類的大腿骨其實可以承受800～1100公斤的壓力。

新生兒有300塊骨頭，成年人卻只有206塊骨頭，這是因為有些骨頭在成長的過程中逐漸合在一起。雙手是由54塊骨頭組成，雙腳則是52塊，由此可知人體幾乎一半以上的骨頭都位於四肢。

「這是什麼？」

我發現盒子的空白處寫了密密麻麻的文字，還畫了一些插圖，開頭處則寫了一句話——

你一定要用功，才能重新擁有超能力。

知道我擁有超能力的人只有莫古爺爺和真正的銀行搶匪，銀行搶匪不可能幫助我，所以是莫古爺爺接收到了我的想法，送小隕石來給我嗎？

現在不是想這個的時候，我要趕快學習新的科學知識，才能發動超能力！

我認真看著盒子上的文字和插圖，這應該是我

出生以來，第一次那麼認真的拿著餅乾盒子看。

我還沒把餅乾盒子上的文字和插圖看完，外面就傳來光頭叔叔敲門和呼喊的聲音。

「李大哥，你快出來！我要上廁所！」

我只好拿著餅乾盒子走出洗手間，然後坐到房間的角落，繼續閱讀上面的科學知識。

「我第一次看到有人這麼認真的看著餅乾盒子，太可怕了！」

雖然長髮叔叔害怕的看著我，不過我完全不為所動。

我只讀了餅乾盒子上大約一半的內容，卻已經迫不及待想試試看能不能發動超能力。

我閉上眼睛，一邊複習剛剛學到的人體科學知識，一邊思考我想要怎樣的超能力。

人體手掌和腳掌的皮膚厚度大約是4公釐，如果我可以把這兩個部位的皮膚變得更厚，是不是就能用厚厚的手掌擊碎牆壁，或是用厚厚的腳底踹破鐵門，然後逃出監獄？這個主意不錯！

我集中精神，不斷複習關於皮膚的知識。

沒多久，我放在褲子口袋裡的小隕石傳來微微的熱度，接著我全身都出現了熟悉的超能力降臨的預兆，然後我感覺到自己的皮膚真的變厚了！

　　成功了，學習新的科學知識果真可以讓我重新擁有超能力！我可以逃出監獄了！

　　我還沒高興完，坐在我旁邊的兩位叔叔突然開口了。

　　「好臭！什麼味道？」長髮叔叔捏著鼻子。

　　「好像是腳臭的味道，可是我昨天有洗澡啊！難道是我剛剛上廁所的時候……」光頭叔叔抬起自己的腳，用鼻子聞了幾下。

　　我也聞到一股刺鼻的臭味，似乎是我的腳發出來的……難道皮膚變厚會讓腳底產生臭味嗎？而且我的眼皮也變厚了，讓我的眼睛都快睜不開了！

　　即使皮膚厚到可以擊碎牆壁或踹破鐵門，但是

眼睛睜不開，腳上還有臭味，在這種狀態下逃跑，我肯定三兩下就會被監獄管理員抓住。

唉！小隕石，請你趕快讓這個超能力消失吧！

感覺到皮膚的厚度恢復原狀後，我繼續思考還可以怎麼運用和人體有關的超能力逃出監獄。

讓自己的臉變成金多智的樣子，說不定能證明我不是銀行搶匪！

但是這個計劃很快就宣告失敗，因為超能力不能改變外形，我的臉部皮膚只是不斷變厚，不用看鏡子，我也知道現在自己的臉肯定非常腫。

我還試了很多方法，但都只是讓我的外貌改變，對於逃出監獄沒有幫助。幸好兩位叔叔沒有發現我身上的異狀，否則肯定會被我這副變來變去的樣子給嚇到口吐白沫。

我始終找不到可行的方法，晚上甚至因此睡不著覺。這時候，我想起我還沒把餅乾盒子上的內容看完，於是趁兩位叔叔睡覺的時候，我拿著盒子走進洗手間，全神貫注的閱讀剩下的內容。

人體的皮膚具有全自動的溫度調節構造，那就是汗腺。當體溫過高，汗腺會產生汗水並排出體外，藉此降低人體的溫度。人體共有200萬～500萬條汗腺，數量非常可觀。

我覺得全身逐漸變熱，汗水也像下雨般不斷滴落，看來是我的汗腺因為超能力而變得發達了。

人類的膚色取決於黑色素在皮膚中的含量，黑色素含量則與居住地區的日照時間長短有著密切關係。舉例來說，非洲等地區的日照時間比較長，為了防止陽光對身體造成傷害，當地居民皮膚中的黑色素便不斷增多，膚色因此比住在其他地區的人黑。

我發覺自己的膚色先變成白色，接著是黑色，沒多久則恢復成原本的黃色。

「雞皮疙瘩」是人體因為溫度突然降低而造成的現象。人類的皮膚上覆蓋著一些體毛，如果人體的溫度突然降低，體毛下的肌肉會跟著收縮，造成體毛豎起來，這是為了在體表形成保護層，留住暖空氣，讓體溫不再降低。這時候看皮膚，就像起了一個個的小顆粒，和雞皮上的疙瘩很像，所以稱為雞皮疙瘩。

我全身上下都因為超能力而起了雞皮疙瘩，連頭皮也不例外，但是手掌和腳底卻沒有。我拿起餅乾盒子，想看看上面有沒有寫原因。

雞皮疙瘩是體毛下的肌肉收縮所形成的現象，因此只會出現在有體毛的地方，沒有體毛的手掌和腳底則不會產生雞皮疙瘩。

我的身體隨著剛剛讀到的人體科學知識，先是汗如雨下，接著膚色改變，最後渾身都起了雞皮疙瘩，如果被兩位叔叔看到，他們肯定會被我嚇到昏倒。幸好他們睡得很熟，轟隆隆的打呼聲還傳進洗手間來，應該不會發現我身上的異狀。

雖然不知道是誰為我寫了這些知識，但是多虧他，我覺得自己很快就可以逃出監獄了！

我開心的繼續閱讀餅乾盒子上的人體知識。

為什麼男生的身體也有乳頭？男生的乳頭不能像女生一樣餵養嬰兒母乳，那它有什麼功能？

咦？沒有了嗎？我把餅乾盒子翻過來又翻過去的看，都沒有找到其他內容。

只提出問題，卻沒有寫出答案，讓我對男生的乳頭更好奇了，不過我沒有可以問問題的對象，也沒有可以找資料的方法，只能把這些疑問放進心裡，希望離開監獄後能找到答案。

夜也深了，我把餅乾盒子折好，小心翼翼的收進口袋，然後離開洗手間，回到自己的被窩躺下。

我隔天早上起床後的第一件事，就是全神貫注的試著發動昨天獲得的超能力。可是無論我怎麼努

力，那些超能力一下子就消失了。

　　我知道要改善這個狀況，必須學習更多、更廣的科學知識，讓知識與知識連結在一起。可是我除了那個餅乾盒子，沒有其他學習知識的方法了。

　　「今天早餐吃什麼呢？我好想吃章魚喔！」光頭叔叔滿懷期待自言自語。

　　「你以為自己在早餐店，還可以點餐嗎？」長髮叔叔毫不客氣的挖苦光頭叔叔。

　　「沒辦法，因為我真的很喜歡吃章魚。而且我認為章魚簡直是超能力者，牠不但有八隻腳、三顆心臟和很多吸盤，變身的技術也是一流。」光頭叔叔似乎想像自己正在吃美味的章魚，一邊說話，一邊發出嘖嘖的咀嚼聲。

　　光頭叔叔這番話引起了我的好奇心，於是我湊到他身旁，想多了解一點。

　　「你為什麼說章魚是超能力者？」

　　「我在漁船上工作過，運氣好的時候會抓到章魚，我對牠們的生態感到好奇，所以查了很多資料。章魚的頭很大，腦部是軟體動物中最發達的。科學家曾經在有蓋子的玻璃瓶內放入食物，並示範打開瓶蓋的方法給章魚看，接著把同樣的玻璃瓶放入魚缸，章魚竟然會學習並嘗試打開瓶蓋。」

「章魚真的好厲害！」

「而且章魚有『海中的變色龍』之稱，遇到危險或靜止不動的時候，可以把身體變成與周圍環境相似的顏色，不但能用來保護自己，還可以偷偷接近獵物來捕食。舉例來說，如果經過以沙子為主的海底，章魚會把身體變成土黃色，這樣就可以減少被敵人發現的機會。

全世界共有200多種章魚，我們平常吃的章魚只是其中的幾種。有一種棲息在東南亞的『擬態章魚』，牠不僅能變色，還可以透過改變姿勢，模仿海葵、水蛇、比目魚等海中動物的模樣。」

沒想到光頭叔叔懂這麼多知識，讓我對他刮目

好想吃章魚！

擬態能力真好用！

相看。

「還有呢？快告訴我！」

也許是我好學的態度讓光頭叔叔的心情變得很好，他像一位動物專家，滔滔不絕的說起關於章魚的知識。

「章魚的變色能力來自體內的色素細胞，甲殼動物、魚類、爬行動物等部分生物的體內也有色素細胞。在章魚的色素細胞裡，色素的顆粒被包圍在有彈性的囊中，經由肌肉的控制來改變囊的形狀或大小，使細胞的透明度或反射能力改變，並造成色彩變化，這就是章魚能變色的祕密。

墨汁是章魚逃離追捕的絕佳工具，主要成分是水和黑色素，還有可以麻痺敵人的微量毒素，但是墨汁的性質在烹調後會改變，對人體無害，所以可以放心品嘗用章魚墨汁製成的美食。」

「章魚真不愧是海中的變色龍！」

「章魚的腳如果斷了，過一段時間就可以重新長出來，這個現象稱為『再生』。因此即使章魚被關起來，而且沒東西吃，牠們還是能活下來，靠的就是吃自己可以不斷再生的腳。

即使章魚被敵人抓住，牠們也會藉由切斷自己的腳的方式來逃脫，這個行為稱為『自割』，像是

螃蟹斷腳、壁虎斷尾、蝗蟲斷腳等行為也是自割的一種。而且牠們逃離危險後，失去的部位都能經由再生作用重新長出來。」

光頭叔叔得意洋洋的說著，這時候，長髮叔叔似乎看不慣他驕傲的模樣，突然插話進來。

「看來你真的很喜歡動物，做了這麼多調查，但還是別盜獵了，讓動物們好好生活吧！」

兩位叔叔又開始鬥嘴，不過我沒空理會他們，因為我突然覺得身體不舒服。

難道是剛剛聽了光頭叔叔教我的科學知識，形成了新的超能力嗎？這次會是怎樣的超能力呢？

對了，如果我的身體可以和章魚一樣，先把皮膚變成和四周一樣的顏色，再擬態成周遭的物品，也許我就可以逃離這座戒備森嚴的監獄了！

儘管我痛得頭昏眼花，但是我非常高興，因為這代表超能力已經降臨到我身上了。

如果我能逃出監獄，那我發誓這輩子都不會再

吃章魚了，因為章魚是值得敬佩的動物，簡直和愛因斯坦一樣偉大！偉大的章魚之神，拜託你賜給我變身的超能力吧！

在腦中想完這段話後，我的全身突然一陣舒暢，就像夏天時在清涼的海水中游泳那樣爽快。

難道章魚之神聽到我的願望，答應賜給我變身的超能力了？

我集中精神，想像自己成功變身的畫面，當我碰到牆壁時，手立刻變成和牆壁一樣的灰色。

「哈哈哈！成功了！」

「又來了，我真的好害怕那個人喔！」

長髮叔叔看著我突然仰天大笑的樣子，嚇得躲到離我遠遠的房間角落。

為了避免被兩位叔叔發現我擁有超能力，我趕緊走進洗手間，進行變身的練習。

我用雙手摸牆壁，同時集中精神來發動超能力。沒一會兒，我發現自己的皮膚不僅顏色改變，連外觀都變成和牆壁一樣的粗糙水泥模樣。

多虧光頭叔叔教了我豐富的章魚知識，加上我之前學了許多實用的人體知識，讓變身超能力持續的時間不僅長，效果也非常好。

不過在這次的練習中，我發現這個超能力會遇

到兩個問題。第一個問題是我的變身很完美，不過持續的時間應該有限，但是我急著離開監獄，沒空測試到底可以維持多久。

另一個問題是我的身體可以改變顏色和模樣，但是乳頭卻沒有跟著改變，無論我變成牆壁、門或馬桶，乳頭始終在那裡，不僅顯眼，還很奇怪！或許是因為我沒有理解男生為什麼也有乳頭吧！

「李大哥，快出來！我要上廁所！」

長髮叔叔敲著洗手間的門，讓我嚇了一跳。

這是個測試超能力有沒有成功的好機會，於是我緊貼著牆壁，腦中不斷想像自己變成一隻和牆壁相同顏色和模樣的章魚。

由於我沒有鎖門，又遲遲沒有回應，急著上廁所的長髮叔叔就直接打開門，走進了洗手間。

「李金道呢？我明明看到他走進洗手間了！」

長髮叔叔沒有發現我的蹤影，讓他嚇得連滾帶爬的回到房間，和光頭叔叔說了這個狀況。

「可是他也沒在房間啊！」

兩位叔叔都不知道如何是好，我則趁著這個空檔，趕緊從洗手間移動到房間裡。

長髮叔叔既害怕又緊張的走到鐵門旁，從欄杆的縫隙呼喚監獄管理員。

「管理員大哥，李金道不見了！」

「怎麼可能，別開玩笑了！」

「我說的是真的，你進來看看就知道了！」

監獄管理員打開鐵門後走進來，再三確認沒看到我的身影後，露出了和兩位叔叔一樣的傻眼表情，然後急忙拿起無線電對講機大喊。

「緊急狀況！銀行搶匪李金道失蹤了！」

紅色的警示燈不斷閃爍，刺耳的警笛聲此起彼落，接著走廊上傳來大批的腳步聲，眾多監獄管理員紛紛跑進我們房間，但是不管他們怎麼找，都找不到變身成和牆壁一樣顏色和模樣的我。

我緊貼著牆壁和地板，小心翼翼的離開房間，開始尋找監獄的出口。

章魚是軟體動物，身上沒有骨頭，因此我滑動前進的速度很快。走廊上有很多監獄管理員著急的走來走去，有一位管理員經過我身旁的時候，不小心踩到我而腳滑了一下，不過他似乎認為是自己走得太快才會滑倒，因此不以為意繼續往前走。

由於不熟悉監獄的構造，我找了很久都沒有找到出口。這時候，我發現走廊上的電燈很亮，於是我先回憶章魚墨汁的知識，然後用力一吐——電燈被我吐出的墨汁染黑，走廊上頓時變得很暗。

每到一處，我就用墨汁把電燈染黑，監獄管理員們被這突如其來的狀況嚇壞了，腳步也慢了下來。我就這樣繼續前進，終於找到了監獄的大門。

　　監獄的大門不但關得緊緊的，還上了好幾道鎖，值得慶幸的是，門和地面之間有一道縫隙，於是我利用章魚是軟體動物的特點，努力鑽過那道縫隙。接著我爬過中庭，再用章魚的吸盤翻越圍牆。

　　我往旁邊一看，發現監獄旁邊停了一輛小貨車，我立刻用吸盤爬上車，但是上車後，我才發現車上裝滿了垃圾。

　　雖然車上的臭味沖天，但是我不以為意，而且非常開心，因為我終於離開監獄了！

會變身的動物

變色龍是如何變色的？

　　變色龍可以把身體的顏色變成和環境相似的顏色，因為牠的體內和章魚一樣有「色素細胞」，不過章魚是用肌肉控制，變色龍則是透過細胞間的訊息傳遞來控制色素細胞。

　　變色龍的色素細胞能自由伸縮，舉例來說，體色原本是綠色居多的變色龍，經過黃色的泥土時，綠色的色素細胞會自動變小，黃色的色素細胞則自動變大，變色龍就變成黃色了。

章魚可以變成幾種模樣？

　　由於體內的色素細胞是由肌肉控制，因此章魚變色的速度比變色龍快，光頭叔叔介紹的「擬態章魚」則是變身的專家，而且牠連外形都能改變。

　　擬態章魚可以擬態成螃蟹、海蛇、比目魚、海星等15種海中動物，牠會根據狀況來決定要擬態成哪一種動物，譬如移動時會擬態成有毒的魟魚或水母，被雀鯛追捕時就擬態成雀鯛的天敵。

優勝隊伍是……

2010年的南非世界盃足球賽，德國一隻名為「保羅哥」的章魚對比賽結果進行了預測，結果連續猜對了八場比賽的獲勝隊伍，成為當年的熱門話題之一。

莫古爺爺的研究所

「前陣子被警方逮捕入獄的銀行搶匪李金道，今天使用了不明的方法再次越獄。」

電器行陳列在門口的每一臺電視、每一個頻道，都在播放銀行搶匪越獄的新聞，同時放出大大的李金道照片。

「如果民眾發現銀行搶匪李金道的蹤跡，請立刻與警方聯絡。」

離開監獄後，很幸運的，小貨車剛好來到我家所在的城市，我立刻趁小貨車停下來的時候，用章魚的吸盤爬下車，溜到旁邊的人行道上。

雖然這條路上的人和車不多，可是周圍的環境不像監獄那麼單純，我不確定變身超能力可不可以擬態成四周的物品，萬一失敗，我反而會很顯眼，如果一下子就被發現，該怎麼辦呢？

忽然間，我發現有一頂破破爛爛的安全帽被人丟在路邊，它不僅大小剛好適合我的頭，我戴著它

移動時萬一被人看到，人們也會認為這只是一頂被風吹或被人踢而滾動的安全帽，不容易懷疑我。我馬上趁四下無人戴上那頂安全帽。

銀行搶匪李金道
懸賞獎金100萬元

儘管還沒想到逃出監獄後該怎麼辦，我還是決定先回家看看，因為我真的好想念爸爸、媽媽和姐姐！

章魚滑動前進的速度並不慢，但還是比不上人類走路的速度，我下次要試試看，能不能在維持人形的狀況下變色並擬態，這樣就方便多了。

我小心的避開人、車和雜物，並且挑選人少的小巷子走，費了一番功夫，終於回到我家。

雖然恨不得立刻衝進爸爸和媽媽溫暖的懷抱，但不管是我現在這副章魚的模樣，還是超能力消失後銀行搶匪李金道的模樣，都只會把家人們嚇得魂飛魄散，接著馬上報警把我抓回監獄。

我只好壓抑激動的心情，躲在院子裡，偷偷觀察家中的情況。這時候，全家人都坐在餐桌前，正

在享用媽媽煮的美味料理。

假金多智坐在我的位置上，津津有味的吃著飯，而且他似乎說了什麼話，把爸爸、媽媽和姐姐都逗得捧腹大笑，餐桌上的氣氛看起來非常歡樂。

看到這副景象，我簡直快氣炸了！

爸爸和媽媽為什麼沒發現那個人是假的？我才是真正的金多智！那個冒牌貨到底是誰？他有什麼目的？我要怎麼做才能讓自己恢復原本的模樣？

嗶嗚！嗶嗚！

警車鳴笛的聲音由遠而近的傳來，我看了看自己，或許是因為剛剛的情緒起伏太大，我的超能力在不知不覺中消失了。

　　我趕緊躲到旁邊的陰影處，不斷回想光頭叔叔教我的章魚知識來發動超能力，也一直向小隕石拜託，讓我可以維持人類的外形。

　　「為什麼警察知道我會來這裡？」

　　我還沒想到原因，接下來的情況讓我更緊張。10幾輛警車浩浩蕩蕩的來到我們家附近，紅、藍相間的警示燈把四周照得燈火通明，接著每輛警車上的警察都迅速下車，團團圍住我們家。

　　這時候，我從眾多的警察中，發現一個熟悉的人──是和我一起抓到銀行搶匪的警察叔叔！

　　警察叔叔表情嚴肅的拿起擴音器，指揮其他警察的行動。

　　「根據可靠消息，李金道越獄後來到這附近，目的是報復協助警察抓到他的金多智小朋友。請各位同仁務必保護無辜的金多智小朋友和他的家人，並全力搜索李金道，務必將他再次逮捕歸案！」

　　「李金道真的來到這附近了嗎？」一名警察對警察叔叔提出了疑問。

　　「我剛才接到金多智小朋友打來的電話，他說

他覺得李金道在他家附近。」

「你真的相信一個小朋友說的話嗎？」

「我認為那孩子說的話值得相信。別忘了，我們第一次抓到李金道的時候，就是多虧了金多智小朋友。而且我聽說，他之前主動去監獄和李金道會面，可見那孩子膽識過人，不是一般的小朋友。」警察叔叔很堅定的回答。

「我知道了，我們絕對會好好保護金多智小朋友和他的家人，不讓凶惡的歹徒得逞。」

向警察叔叔敬禮後，那名警察就朝我們家跑去，留在原地的警察叔叔則不斷自言自語。

「我當初就主張一定要把李金道單獨關在特殊的監獄裡，後來卻把他移到一般監獄，還和其他囚犯共處一室，用膝蓋想都知道這樣很容易出問題！如果長官有把我說的話聽進去……」

警察叔叔突然回過頭，用銳利的眼神環顧四周，這時候我正好在他後方，不過我變成牆壁的顏色和模樣，所以沒被警察叔叔發現。

「是我的錯覺嗎？總覺得有人在附近。」

雖然成功逃過一劫，不過緊貼著牆壁站的姿勢很吃力，無法維持太久，我一定要趕快逃跑。

這時候，一隻毛茸茸的小狗突然跑到我腳邊，

雖然人類不會發現我，但是小狗的鼻子很靈敏，牠似乎發覺了我的味道，不斷對我搖尾巴。

「走開，我沒空和你玩啦！」

我小聲的叫小狗離開，手也不停揮動，但是牠不但沒有照我說的話做，反而大聲對我吼叫。

警察叔叔立刻察覺不對勁，於是朝小狗和我的方向走來。我的外形看起來和牆壁沒兩樣，但是萬一警察叔叔用手摸，就會發現我的存在。

趁警察叔叔和我之間還有一段距離，我緩緩的往角落移動，靠近一堆等待資源回收的垃圾，並將自己變成一個塑膠瓶。

「怪了，我真的覺得這附近有人。」

警察叔叔在我剛剛待過的牆壁附近來回察看，還伸手摸了牆壁幾下，我邊慶幸還好已經移動的同時，心臟也跟著他的動作七上八下。

而那隻小狗也跟著我移動到角落，還用味道認出了我這個塑膠瓶，就是剛剛那個緊貼著牆壁站的人。牠不僅用鼻子上上下下的聞，還伸出舌頭來舔我。

小狗的動作引來了警察叔叔的注意，他也好奇的看著變成塑膠瓶的我。

「真奇怪，我第一次看到有乳頭的塑膠瓶，這是最新的流行嗎？還是有人在惡作劇？」

這時候，無線電對講機傳來其他警察的聲音，警察叔叔便回頭往我家的方向走。

我剛鬆了一口氣，那隻小狗就開始不斷舔我的身體，甚至舔了我身上唯一沒有變成塑膠瓶的地方──乳頭！讓我忍不住叫出聲，身體也跟著滾動。

或許是注意力被分散，我的超能力消失了，我不但恢復成銀行搶匪李金道的模樣，我的聲音也引來已經快走遠的警察叔叔回過頭來。

「李金道！給我站住！」

警察叔叔立刻朝我跑來，同時用無線電對講機

呼喚支援警力。我拔腿就跑，但是不知道為什麼，那隻害我變身解除的小狗也跟著我跑。

我氣喘吁吁，上氣不接下氣的拼命逃跑，原本以為可以順利擺脫追捕，但是我竟然在無意間跑到一條前方只有一面高牆的死巷。

警車鳴笛的聲音越來越近，警察的腳步聲和呼喊聲也從四面八方逐漸包圍我，可是我已經沒有力氣變身來躲藏，也無法集中精神發動超能力。

我好不容易才從監獄逃出來，還沒洗刷我的冤屈，也還沒揭開假金多智的真面目，我就要再被抓回監獄了嗎？

當我即將放棄希望的時候，高牆上方突然出現一個人影，而且他的樣子似乎有點眼熟。

「快爬上來！」

那個人在高牆上對我大喊，並放下一條用繩子做的簡易樓梯。我沒有時間思考那個人是誰，以及他為什麼要救我，我抓住樓梯就拼命往上爬。

　　但是我的體力已經在剛剛和警察的追逐戰中耗盡，眼看著頂端就在不遠處，我卻再也使不出任何力氣。這時候，突然有一隻手伸向我，我下意識的握緊後，那隻手就把我拉上了頂端。

　　在昏暗的環境中，我發現剛剛把我拉起來的不是普通的手，而是用鋼鐵製成的機器手。

　　「你是……」

　　原來是在監獄裡，透過能進行心電感應的天線帽子，發現我真實身分的莫古爺爺。

　　「快跟我來！」

　　爺爺帶著我，從這棟大樓的緊急出口跑到隔壁棟大樓，再跑到停車場。他指著一輛又舊又髒的箱型車，要我趕快躲進車裡。

　　當我躲進後車廂，正準備用四周的雜物覆蓋身體時，我突然覺得旁邊有個毛茸茸的東西，而且似乎正用舌頭不停的舔我。我仔細一看，原來是剛才那隻小狗。

　　「怎麼又是你！」

　　「牠叫哈利，多虧牠，我才能找到你。」

雖然周圍的警笛聲不絕於耳，但或許是車子的外觀又舊又髒，加上爺爺的車速慢到好像下一秒就會拋錨，任誰都沒有想到我會躲在後車廂，於是我們沒有被攔下盤查，順利擺脫了警察的追捕。

　　「到了，下車吧！」

　　我從車子裡走出來，發現眼前這棟建築物的招牌上寫著「資源回收站」。

　　「這裡是爺爺的家嗎？」

　　「沒錯。為了低調行事，我對外宣稱是資源回收站，其實這裡是我的機器人研究所。」

　　我跟著爺爺走進房子，裡面放了很多電線和電子零件，還有許多奇形怪狀的機器。

　　「我有一間非常安全的祕密房間，你可以放心躲在裡面，絕對沒有任何人可以找到你。」

　　爺爺把位於屋子角落的書櫃往旁邊推開，在後方的牆上摸了幾下，牆壁就浮現出一道門的模樣，而且自動打開了。

　　爺爺帶著我走進門內，沿著階梯往下走，盡頭有一面厚厚的牆壁，他又在牆上摸了幾下，同樣浮現一道門的模樣並自動打開了。走進門內，爺爺打了個響指，電燈就點亮了。

　　這個房間裡有很多書本和書櫃，牆上貼著滿滿

人體結構的圖片，電腦螢幕上則顯示著各式各樣複雜又難懂的圖表。

從離開監獄起，我就不斷逃跑，此時已經筋疲力盡了。得到爺爺的同意後，我找了個地方坐下，那隻毛茸茸的小狗立刻跑到我腳邊。

「你叫哈利，對吧？你長得好像抹布喔！謝謝你，多虧你，爺爺才能找到我。」

「哈哈哈！哈利最討厭人家說牠像抹布了。」

我撫摸哈利的手頓了一下，幸好牠沒生氣，還在對我搖尾巴。

「哈利是爺爺養的狗嗎？」

「對，牠在研究所附近徘徊，我就收留牠了。雖然看起來髒兮兮的，但是你千萬不能小看牠。」

哈利一直往我身上撲，我用手阻止牠，卻發現牠的頭上有一道很大的傷疤。

「哈利曾經發生很嚴重的交通事故，我費了九牛二虎之力才把牠救回來。經過我的改造，哈利已經變成一隻可以和人類溝通的神奇狗狗了。」

爺爺得意的說著，哈利也像聽得懂似的，一直搖尾巴。

「對了，爺爺，非常感謝你剛剛救了我，也謝謝你把小隕石送到監獄給我，還在餅乾盒子上寫了很多關於人體的科學知識。」

「你在說什麼？」爺爺露出困惑的表情。

「你不是接收到我傳送給你的想法，所以把我

的小隕石放進餅乾盒子裡，再送到監獄給我嗎？」

「沒有啊！我是在附近的大樓裡修理冷氣，哈利突然叫我跟牠走，然後我就找到你了。看來除了我，還有其他人在默默幫助你。」

聽完這句話，我的表情比爺爺更困惑，因為我實在想不到除了爺爺，還有誰會幫助我？

「你的鼻屎好大喔！這樣可以呼吸嗎？」

爺爺注意到我鼻孔裡的小隕石，好奇的問我。

「它不是鼻屎，是我剛才提到的小隕石。」

從監獄逃出來的途中，我從管理員的桌上撕下一截膠帶，再用它把小隕石固定在鼻孔的洞口，這樣不至於吸入體內造成危險，即使我變身成章魚或其他物品，也可以隨身帶著小隕石。

「被關在監獄的時候，小隕石不在我身上，所以我無法使用超能力逃出去。現在終於離開了監獄，我可以尋找恢復原狀的方法，擺脫這副銀行搶匪的身體。」

我發現爺爺一直盯著我看，讓我擔心他會不會只是熱心助人，不知道這副身體的主人是惡名昭彰的銀行搶匪，現在知道後，就後悔救了我。

「爺爺，我不是銀行搶匪……應該說，這副身體是銀行搶匪，但我不是……」

我試圖向爺爺解釋，但因為緊張，講話顛三倒四的。正當我以為他會害怕得把我趕出去時，爺爺卻對我笑了笑。

「放心，我知道你不是銀行搶匪李金道。上次我到你被關起來的監獄時，我的機器顯示你是我以前在街上遇到的小超能力者。我本來以為是那臺機器壞掉或沒電，可是不管我怎麼檢查都沒有任何問題。雖然不知道你為什麼會變成這副大人的模樣，但是我相信自己發明的機器，所以我也相信你就是那個小超能力者。」

爺爺這番話讓我感動得眼淚都快流下來了。從被關進監獄開始，所有人光憑外表就認定我是銀行

搶匪李金道，沒有人看到我的內在，沒有人相信我是就讀國小四年級的金多智。

看來爺爺不會光用外表就判斷一個人的好壞，而且他應該和我一樣，好奇心非常旺盛，是個不會認為什麼事都是理所當然的人。

「爺爺，你說得對，我就是你之前在街上遇到的小超能力者，我叫做金多智。」

「是那顆小隕石讓你擁有超能力的嗎？」

「對，只要學到新的科學知識，我就可以擁有相關的超能力，不過我無法隨心所欲的發動，像是我可以知道別人的想法，可是我無法決定要或不要知道，也無法選擇要知道想法的人。」

「原來如此，所以你上次不是故意闖入我的腦海裡，而是超能力讓你知道了我的想法。」

爺爺是少數知道我擁有超能力，而且和我站在同一邊的人，讓我忍不住拼命向他訴說自己被關進監獄後的遭遇。當我講到爸爸和媽媽來見我，卻以為我是想綁架他們兒子的壞蛋，完全不知道我才是他們真正的兒子時，我激動得差點大哭。

不過爺爺對我一波三折的悲慘遭遇只是稍微點了點頭，沒有半點驚訝。我仔細一看，原來爺爺在打瞌睡。

「莫古爺爺，你可以告訴我，要怎麼做才能恢復原狀嗎？」

我突然叫他的名字，讓爺爺嚇了一跳，差點從椅子上摔下來。

「我很想幫你，但是我對超能力沒有研究，愛莫能助啊！如果你想變成像我這樣的改造人，我倒是很樂意幫你。」

爺爺告訴過我，他的左手和雙腳是機器製成的義肢，不過當他脫下衣服和褲子後，我才知道義肢的比例比我想像得更多。

「雖然偶爾會故障，必須定期維修和更換零件，但是習慣後，這副身體也沒什麼不好的，不但能使出很大的力氣，還不會肌肉痠痛呢！」

爺爺穿回衣服和褲子後，倒了一杯咖啡來喝。

「我原本是專門研究機器人的科學家，有一天，我和家人開車去旅行時，發生了嚴重的交通事故，我的家人都不幸喪命，只有我經過多次手術後，好不容易才活下來。

不過我沒有因此意志消沉，我活用科學家的專長，為自己打造了義肢，偶爾還會像上次那樣，到監獄等地方做志工，幫需要的人維修機器。」

「對不起，我不知道你發生了這些事。」

雖然我的外表變成了人人喊打的銀行搶匪，可是我和我的家人都很健康，和爺爺相比，發生在我身上的事其實不算什麼，但我卻一直悶悶不樂，現在想想，我真是太不知足了。

　　「沒關係，幸好我的腦沒事，還可以從事最愛的機器人研究。順帶一提，人類的腦非常神祕，直到現在，科學家還無法解開當中的所有謎團。

　　人腦的重量大約只占了全身體重的2%，也就是1.2～1.6公斤，但是它卻用掉了我們吸入的20%的氧氣，以及吸收的20%的熱量。」

　　我聽著爺爺的說明，同時感覺到我放在鼻孔裡的小隕石似乎微微的發熱，接著身上也出現種種熟悉的狀況──這是我即將擁有新超能力的預兆。

　　我決定把握這個機會，學習更多科學知識。

　　「爺爺，你知道為什麼男生的身上也有乳頭嗎？我透過小隕石得到了變身的超能力，可是我不知道男生的乳頭有什麼功能，所以不管變成什麼動物或物品，乳頭都不會一起變身。」

　　「有科學家認為，男生的乳頭其實是發育不完全的器官。人類在媽媽的肚子裡，最早是以『胚胎』的樣子出現，而且在前六週都不具有性別，但是在這六週中，胚胎已經發育出許多初步的器官和

組織，乳頭就是其中之一。」

在六週後，男生和女生的性別特徵開始發育，但男生的性別特徵不包括胸部，因此乳頭就停止發育了，所以才說它是發育不完全的器官。」

我以為人類的身體已經是完美的狀態了，沒想到居然還有「發育不完全」的器官。

「男生的乳頭沒有任何功能嗎？為什麼它沒有在人類演化的過程中消失？」

「男生的乳頭確實沒有具體的功能，雖然它無用，但是也無害，沒有一定要讓它消失、淘汰的理由，因此人類的身體就把它留下來了。」

聽完爺爺關於男生乳頭的說明後，我覺得自己的乳頭有點脹脹的感覺，看來是關於乳頭的知識已經被補足了，之後變身時就不會有問題了吧！

「爺爺，我想用超能力變回自己原本的模樣，你覺得我還欠缺什麼科學知識呢？」

「會不會是骨頭？它具有支撐身體的作用。」

爺爺指著掛在牆壁上的人體骨骼圖片，我也好奇的盯著看，卻看不出骨頭到底有什麼厲害的，還是直接問爺爺比較快。

「我在監獄的時候，曾經收到某個人寄來給我，寫了滿滿人體科學知識的餅乾盒子。那個盒子

上有寫到，骨頭的功用是運動、支撐和保護人類的身體，所以它非常堅硬，那骨頭到底有多硬呢？」

「有研究人員做過實驗，人類的骨頭硬度雖然比不上鋼鐵，但是比經常被當成建築材料的花崗岩更硬。

在電影和連續劇裡，經常有將骨灰撒向大海或隨風飄散的情節，但這在現實生活中是不可能發生的，因為骨頭太硬了，根本無法被燒成粉末狀。」

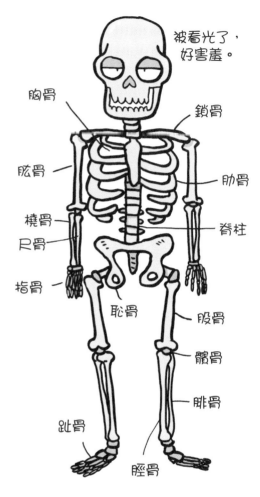

被看光了，好害羞。

胸骨
鎖骨
肱骨
肋骨
橈骨
尺骨
脊柱
指骨
恥骨
股骨
髕骨
腓骨
趾骨
脛骨

〈人體骨骼構造概略圖〉

原來電影和連續劇裡的情節大多是為了劇情需要而安排的，不是全部都符合現實生活中的常理。

「那麼個子高的人和個子矮的人，他們的骨頭

數量會一樣多嗎？」

「身高和骨頭數量沒有太大的關係，只是個子高的人的骨頭長度會比較長。」

骨頭真是神奇，儘管我問了一個又一個的問題，但感覺還有很多問題可以問。

「我聽過有些老人家說自己的身高變矮了，這和骨頭有關係嗎？」

「年紀增長會使身體發生變化，骨頭也會受到影響，逐漸無法負荷身體的重量，所以老人家的身高確實可能比他年輕時矮。」

聽著爺爺教我的知識，我能感覺到自己的骨頭逐漸變硬。太好了，希望小隕石可以給我變回自己原本模樣的超能力。

當我想問爺爺更多問題的時候，他突然伸手阻止我說話。

「等一下，哈利說牠要上廁所。」

真舒服！

爺爺拿出一個遙控器並按下，房間的角落隨即出現一道小小的門，看來是爺爺為了哈利特地設計的出入口。看到牠專屬的門開了，哈利立刻衝出門外，過了一會兒才回來。

　　「爺爺，你那頂可以進行心電感應的帽子，也可以用來知道哈利的想法嗎？」

　　「當然囉！」

　　「戴上它，我也可以知道哈利在想什麼嗎？」

　　「沒錯。你要試試看嗎？」

　　爺爺把他戴在頭上的心電感應機器拿下來，再幫我戴到頭上。

　　「哈利的腦部因為當年的交通事故而少了一部分，我用電腦晶片取代後，就可以透過機器了解牠的想法。」

　　心電感應機器開始運作，我的腦中因此出現一些不屬於我的想法，看來就是哈利的想法了。

　　哈啊！大了好大一坨，真舒服！

　　「我聽到了，哈利說牠大完便後很舒服！」

　　「你第一次使用這臺機器，就能聽到哈利的心聲，看來你具有科學方面的天分。」

　　爺爺的話讓我很高興，畢竟我們家是「科學家庭」，而且我是非常喜歡科學的好奇寶寶。

第一次知道小狗在想什麼，讓我覺得很新奇，於是我走到哈利旁邊，想知道更多牠的想法。

　　為什麼這個人聞起來有章魚的味道呢？從發現他緊貼著牆壁站的時候開始，香香的味道就沒有停過，讓我總是忍不住想舔他！

　　我還以為哈利是喜歡我，沒想到是因為變身成章魚後，我身上的章魚味吸引到牠的緣故。

　　我的話還沒說完，哈利又開始舔我的腳了。

令人驚奇的骨頭

最長的骨頭和最小的骨頭

　　大人的骨頭數量大約是206塊，嬰兒則是大約300塊，因為人類在成長的過程中，有些骨頭會逐漸合在一起，數量因此減少。但也不是每個大人都是206塊骨頭，多或少一、兩塊都在正常的範圍內。

　　俗稱大腿骨的股骨，是人體中最長也最粗壯的骨頭。人體中最小且最輕的骨頭位於耳朵的中耳裡，稱為鐙骨，長度只有大約3公釐，形狀則像騎馬時腳上踩的鐙，功用是將外耳蒐集的聲波傳到內耳，內耳再將聲波轉換為訊息並傳至大腦，人類就能聽到聲音。

骨頭裡有什麼？

　　骨髓是位於較大的骨頭中的物質，主要的功能是製造血液。鈣是形成骨頭的主要成分，人體99%的鈣都儲存在骨頭和牙齒裡。當鈣攝取不足，或是體內缺乏鈣

106

的時候，骨頭中的鈣會被抽離出來，供身體使用。當骨頭中的鈣不足，組成骨頭的骨質會變細或疏鬆，嚴重時會形成骨質疏鬆症，增加骨折的風險。

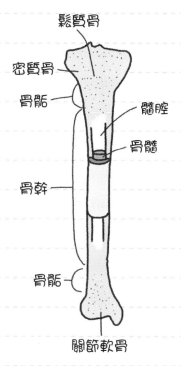

〈人體骨頭構造概略圖〉

真假
金多智

我被關在監獄的那段日子裡，由於無事可做，醒著也只會胡思亂想，因此我每天都很早睡覺。

　　但這不代表我每天都可以睡到飽，因為我經常做惡夢而嚇醒，又被兩位叔叔幾乎要掀翻屋頂的打呼聲和磨牙聲給吵得無法再入睡。

　　被莫古爺爺和哈利救出後，我以為離開監獄應該能讓我睡得比較好，加上我逃了很久，感覺全身疲憊，照理來說，我應該一躺到床上就呼呼大睡，然後一覺睡到太陽晒屁股才對。

　　沒想到我竟然在床上翻來覆去，好不容易睡著，又因為做惡夢而嚇醒。再次醒來時，我看了牆上的時鐘，竟然剛好是監獄裡的起床時間。

　　也對啦！即使逃出監獄，我身上的難題也還沒有解決，怎麼可能睡得好呢！

　　我坐在床邊，思考自己接下來要怎麼辦。

　　雖然待在爺爺這裡很安全，可是再這樣下去，

我也無法恢復原狀。但是以我現在這副銀行搶匪李金道的模樣出門，很快就會被大家認出來，我一定要做點偽裝。

根據我看過的卡通和電影，最基本的偽裝就是穿戴假髮、墨鏡和大衣。可是我沒有這些東西，也不好意思麻煩爺爺特地幫我準備。

對了，我有超能力啊！

透過餅乾盒子上的文字和插圖，還有爺爺教我的內容，我已經學到不少關於人體的科學知識，如果繼續學習這方面的知識，我肯定很快就能擁有相關的超能力，然後就能完成我的最強偽裝了！

我走到鏡子前，雙眼緊閉，腦中不斷複習爺爺教我的人體知識。

昨天爺爺講的骨頭知識讓我印象非常深刻，所以我拼命回想關於骨頭的知識。這時候，我發現自己的骨頭似乎發出了喀嚓、喀嚓的聲音，包括胸骨、肋骨、股骨等，全身的骨頭好像都在回應我的召喚，同時傳來刺刺的感覺。

這個狀況讓我非常滿意，看來我擁有新的超能力了！這次會是怎樣的超能力呢？我滿懷期待的睜開眼睛，卻發現——

「哇啊！這是怎麼回事？」

　　我看到鏡子裡的自己時嚇了一大跳，因為我的身體只剩下骨頭，皮膚、血液、肌肉、內臟等器官都不見了！簡單來說，現在的我就是一具活生生的骷髏！

　　雖然擔心我這副模樣會嚇到爺爺，但是我的嘴巴好渴，肚子也好餓，難道我要等到超能力消失才離開房間嗎？那我要等多久？

　　我猶豫了一會兒，想著既然爺爺知道我擁有超能力，和他說明一下就好了。於是我走出去，裝了一杯水。

　　我大口喝下，正準備感受水的清涼時，卻發現水全部流到地上了！對了，我現在只有骨頭，根本

無法喝水啊！

　　當我在想該怎麼辦的時候，哈利突然從遠處全速跑向我，接著大口咬住我的腳，還津津有味的又舔又啃，看來牠以為我是爺爺幫牠準備的早餐。

　　「放開，我不是你的食物啦！」

　　我不停掙扎，其他部位的骨頭也因此不停晃動，接連發出劈里啪啦的聲音。萬一哈利咬斷我的骨頭，我恢復原狀後，會不會因此受傷或骨折？

　　我使出九牛二虎之力才擺脫哈利的嘴巴，但牠還是不放棄，於是我們展開了一場吃與被吃的追逐戰。

　　這時候，爺爺剛好從洗手間走出來，我來不及剎車，於是一頭撞上他。

　　「好痛！我的骨頭沒斷吧？」

　　「天啊！會走路的骷髏！」

　　我和爺爺分別發出慘叫聲，接著跌坐在地上。幸好我的超能力因為這股強烈的撞擊而消失了，我因此恢復原狀，否則早就被追上來的哈利當成早餐吃了。

　　「唉唷！我這把老骨頭差點被你這具骷髏給撞斷了！」

　　「對不起。」

「這是那顆小隕石賜給你的超能力嗎？」

「對。我猜是因為我一心想著骨頭的知識，才會變成骷髏。還有很多關於人體的科學知識，我必須學得更多、更廣，才能讓變身更完美。」

「還好你的超能力有改善的空間，萬一你只能變身成骷髏，應該沒一會兒就被全世界的小狗當成大餐追著跑了。」

剛剛和哈利的追逐戰就讓我筋疲力盡了，如果全世界的小狗都追著我跑，我應該一下子就被吃光了！這可不行，我要趕快再學新的科學知識。

「爺爺，你可以教我其他的人體科學知識嗎？」

「沒問題，當初為了把義肢做得更完美，我學習了很多人體知識，現在都教給你吧！人類的身體既神奇又有趣，你想問什麼呢？像是面積很大的皮膚和組成身體架構的骨頭，其實都只占了人體的一小部分，其他像是腦、神經、肌肉等，它們都有各自的功能，擔任很重要的角色。即使我已經研究人體10幾年的時間了，但是我不了解的事還有很多。」

爺爺這麼聰明，而且研究了10幾年，竟然還有很多不了解的事，人體真是太神祕了！

當我想著要問爺爺什麼問題的時候，哈利咬了一支梳子走到我旁邊，看來是希望我用梳子幫牠整理毛髮。

雖然我和哈利不久前才進行了一場大戰，不過既然牠不打算咬我，我也很樂意幫牠這點小忙。

哈利身上有好幾個地方的毛都打結了，我一邊小心不要扯到牠的皮膚，一邊把打結的毛梳開，這讓我的好奇心再度爆發。

「爺爺，為什麼人類不像其他動物，身上長滿毛呢？」

「其實人類身上的毛不比猴子少，動物的毛量並沒有相差太多，但是人類身上的毛既細又短，看起來才不像其他動物的毛那麼多。根據科學

頭髮變長了！

你又不是長髮公主！

家的研究，人類身上的毛至少有500萬根。」

我有點慶幸人類的毛既細又短，否則光是頭髮，我就經常忘記梳了。如果身上的毛都像哈利那麼長，我大概會因為經常忘記整理，然後讓自己全身上下的毛都打結到像一團毛球吧！

「人類的身上為什麼會長毛？難道毛是躲在皮膚裡，像稻米一樣，有了太陽和水之後，就能成長茁壯嗎？」

「其實人體的毛是從皮膚中的毛囊長出來的，主要成分是一種名為『角蛋白』的物質。毛的作用是保護身體，像是頭髮可以保護頭皮不被太陽晒傷，鼻毛可以阻擋空氣中的灰塵和細菌進入鼻子，睫毛則能保護眼睛免於被外來物質入侵。」

我突然起了一陣雞皮疙瘩，低頭一看就發現身上的毛竟然像雨後春筍般迅速冒出來，伸手一摸則發現連眉毛和鬍子也變長了。為了平衡超能力的發展，我趕緊再問爺爺其他問題。

「人類的頭髮可以長到多長呢？」

「如果一輩子都不剪頭髮，長度應該可以達到九公尺。人類的頭髮一天可以長約30公尺呢！」

「30公尺！不是30公分嗎？」

「人類的頭髮大概有10萬根，如果每根頭髮每

天都長0.3公釐，加起來的長度就是30公尺。」

「那麼頭髮一個月可以長將近一公里！可是我每天都會看到自己的頭髮，怎麼沒感覺到頭髮有長那麼快呢？」

「別忘了，我說的是每根頭髮加起來的長度，而且一般人每天會掉50～200根頭髮，你沒感覺到頭髮變長也是正常的。」

聽完爺爺這番話，我的頭髮忽然以肉眼可見的速度迅速變長。我心想：出門尋找讓我變回金多智的方法時，如果頂著一頭飄逸的長髮，很可能引起大家的注意。於是我趕緊嘗試讓頭髮停止生長，經過一番努力後，我的頭髮終於不再變長了。

我跑進洗手間，想看看自己現在是什麼樣子。一照鏡子，我差點認不出來，因為我已經變成長頭髮、長眉毛、長鬍子的人了。

超能力果真是我的最強偽裝術！雖然很不習慣，頭髮、眉毛和鬍子都讓我覺得好癢，不過變成這副模樣後，肯定沒有人能認出我，我可以安心外出，尋找讓自己變回金多智的方法。

不過要從哪裡著手呢？

對了，上次假的金多智到監獄時，我發現他的項鍊上有一顆和小隕石很像的小石頭。從他的態度

可以感覺得到，他似乎知道很多我不知道的事。而
且我是右撇子，他這個冒牌貨卻是一個左撇子。他
是不是和我現在的處境一樣，外表和內在是不同的
人呢？

　　我決定了，就從調查假的金多智開始著手！

　　因為我出現在那裡，我們家所在的社區應該引
起很大的騷動，警察或許還守在附近，我最好別靠
近，以免自投羅網。

我決定到學校觀察假金多智的一舉一動，說不定透過這個方法，可以揭開他的真面目。

　　我只有從監獄逃出來時穿的囚服，於是我向爺爺借了一套上衣和褲子、一件外套和一頂帽子。

　　我的頭髮、眉毛和鬍子都因為超能力而變得很長，身上的體毛也很茂盛，看起來就和哈利一樣毛茸茸的，這樣應該沒有人能認出我吧！

　　我走在路上時，起初還有點畏畏縮縮的，擔心有人認出我，但是大家都專心走路，甚至沒有人多看我一眼，讓我終於放下心來。

　　學校正值上課時間，我要怎麼進入教室呢？

　　我使用變身的超能力，擬態成周圍的景物，成功避開了警衛叔叔的注意，並順利進入教室。

　　雖然我已經把身體的顏色變成和牆壁一樣，但如果只是普通的站在角落，我可能會被大家發現，於是我利用章魚的吸盤，緊緊的貼在牆壁上。之前只有乳頭沒變身的問題，因為我已經理解男生乳頭

的功能，所以這次也成功變身了。

有了完美無缺的變身，我就可以專心觀察假的金多智了。

上課鐘聲一響，好久不見的老師和同學們紛紛走進教室，這個景象讓我感動到差點流下眼淚，還好我忍住了，否則從牆壁上滴下淚水，應該會嚇到大家吧！

我曾經覺得每天都被關在教室裡很不自由，被老師罵、被同學笑也曾經讓我萌生「不想上學」的念頭。可是這麼久沒來學校，我才知道能上學是一件很幸福的事。

「各位同學，我們班上出現了一位小英雄，大

家知道是誰嗎？」

對於老師提出的問題，同學們立刻異口同聲的回答：「知道。」

「金多智在學校附近的超市裡，發現有小偷在偷東西，馬上機靈的告訴店員，讓店家成功抓住可惡的小偷。為了表揚金多智見義勇為的行為，老師今天先頒發獎品給他，下次舉行朝會的時候，市長和校長會親自頒發獎狀給他。」

全班同學紛紛發出讚嘆聲，並鼓掌恭喜假的金多智，這個畫面真是讓我五味雜陳。

「金多智最近改變得很多，除了變勇敢，也不會像以前一樣，在課堂上提出莫名其妙的問題，和同學們的感情也變得更好了，老師真的很高興！希望其他同學可以向他看齊，成為一位勇敢又乖巧的小朋友。」

老師請假的金多智到講臺上，頒發獎品給他。假金多智受到老師和同學們熱烈的鼓掌，他的臉上露出了得意的笑容。

沒想到假金多智在班上竟然比我更受歡迎，不但有老師誇獎他，連同學們也把他當成英雄看待。

假金多智到底對大家灌了什麼迷湯？上次是爸爸和媽媽，現在就連老師和同學也這麼喜歡他！

雖然我想立刻揭穿他是冒牌貨的真相，但是我沒有可以讓大家相信的證據。而且我忽然出現在教室也會引起恐慌，反而會造成反效果，等我準備好，再揭發他的真面目吧！

由於我變身了很久，體力漸漸到達極限，萬一超能力在這個時候消失就完蛋了。所以我小心翼翼的離開教室，再變身成一顆足球，慢慢的從走廊滾到操場。沒想到，這時候有一位其他班級的同學似乎真的把我當成足球，他竟然提起腳用力的朝我踢來。

砰！

被他這麼一踢，我馬上飛出很遠的距離，掉到操場周圍的草地上。儘管全身都被踢得很痛，我還是趁那位同學還沒追上來撿球的時候，趕緊滾向校門，趁警衛叔叔不注意時溜出學校。

揉揉好像有點瘀青的屁股，這時候我已經變回人，在假金多智回家的路上埋伏，準備繼續觀察他的行動。

放學鐘聲響起沒多久，假金多智就和好幾位同學一起走出校門。看來假金多智的英勇事蹟在學校裡已經遠近馳名，因為跟在他身邊的除了我們班上的同學，還有好幾位隔壁班的同學也把他當成偶像

緊緊跟隨。

　　我偷偷跟在假金多智和同學們的後面，發現他們走進一間鹹酥雞店。

　　「為了慶祝市長和校長要頒獎給我，今天我請客，大家盡量吃吧！」

　　「哇！金多智真大方！」

　　餐點送上桌後，大家狼吞虎嚥的吃著美味的炸物，假金多智則似笑非笑的在一旁看著。

　　原來假金多智的人氣是用錢堆出來的！這些人大概也不是他的朋友，只是因為經常被請客，所以

才跟在假金多智身邊。

「吃不下了！」

每位同學都吃到肚子圓滾滾的。這時候，假金多智走到櫃臺，詢問鹹酥雞店的老闆娘。

「總共多少錢？」

「五百元。」

假金多智朝同學們揮揮手。「你們先走吧！我留下來結帳。」

「今天也吃得好飽喔！金多智，你真是我們最好的朋友！」

當同學們都離開後，假金多智把脖子上的項鍊拿下來。

「老闆娘，你有看到我手上這串項鍊嗎？它是一串很神奇的項鍊，如果能看到上面的小石頭發出光芒，你就可以達成自己的願望。」

假金多智把項鍊放在老闆娘面前，並且不停晃動，老闆娘的眼珠子也漸漸跟著項鍊晃動。

「老闆娘，請你看著我的眼睛，三、二、一！現在無論我說什麼話，你都會相信我。」

「是的，我會相信你。」

原本看起來聰明能幹的老闆娘，突然變得呆呆的，這時候，假金多智從褲子口袋裡拿出一疊樹葉

交給老闆娘。

「我給了你10張100元的鈔票。」

「我收到了10張100元的鈔票。」

老闆娘收下那疊樹葉後，竟然像真的收到錢，還向假金多智鞠躬，假金多智的臉上立刻露出奸笑。

「對了，別忘了找錢給我。」

「是的，立刻找錢給你。」

老闆娘把五張一百元的真鈔交給假金多智。

「明天我還會再來。」

「謝謝你，請慢走。」

老闆娘再次彎腰道謝，假金多智則頭也不回的迅速離開了鹹酥雞店。沒多久，老闆娘像突然醒來似的，疑惑的看著自己手上那疊樹葉。

「奇怪，我剛才在打掃嗎？手上怎麼會有這麼多樹葉？」

我氣到雙手握拳，世界上怎麼會有像假金多智這樣可惡的人！原來他是用這種方法來欺騙老師和同學，甚至還欺騙辛苦工作賺錢的鹹酥雞店老闆娘，該不會他也是用這種方法來欺騙我的家人吧？

雖然我很想衝上前去，告訴老闆娘事情的真相，但是我不能這麼做，因為在別人眼中，我才是

罪大惡極的銀行搶匪李金道，假金多智則是一位見義勇為的乖巧好學生。

離開鹹酥雞店後，假金多智獨自在街上閒逛，我也緊緊跟在他後面，繼續觀察他的一舉一動。

假金多智走進一家百貨公司的洗手間，我也趕緊跟著走進去，並站在他旁邊的小便斗前，假裝要上廁所。

洗手間裡只有我和假金多智兩個人，讓我有點緊張。

要不要趁現在抓住這個冒牌貨，然後交給警察呢？我現在是大人的身體，個子比較高，力氣也比

較大，抓住一個國小學生應該沒有問題。不對，如果把他抓去警察局，被警察抓起來的人反而是我。

就在這個時候──

「跟蹤我一整天，真是辛苦你了。」

假金多智突然對著我說話，讓我嚇到冒出一身冷汗。

「你什麼時候發現我在跟蹤你的？」

假金多智老神在在的拉上褲子拉鍊，洗完手，悠哉的走出洗手間，我趕緊跟上他。

「不管變裝成什麼樣子，我都可以認出你。不管你在想什麼，我都可以解讀出來。就像現在，你想抓住我並交給警察，對不對？別傻了！你以為這樣就能讓自己恢復原狀嗎？警察只會把你再次送進監獄，並且讓你從此再也見不到外面的世界。」

我目瞪口呆，為什麼他知道我在想什麼？

「你很驚訝嗎？這也難怪，你的內在還是個10歲的小朋友，即使擁有超能力，你的思考也還是比不上我這個大人。相較之下，身為大人的我要假裝成10歲的小朋友，根本是小事一樁，解讀你的想法對我來說也是輕而易舉。」

我有如鴨子聽雷，完全不懂假金多智在說什麼，但是我能確定，他肯定知道我變成這幅模樣的

原因。

「你到底是誰？為什麼變成我的樣子？我又為什麼會變成這副模樣？」

「原來你還不知道啊！沒辦法，畢竟你只是10歲的小朋友。看看鏡子吧！」

我看著鏡中的自己和假金多智，接著假金多智摸了一下項鍊上的石頭，我竟然就變回了金多智的模樣。

「我……」

假金多智又摸了一下石頭，我又變回了李金道的模樣。

「你……」

我嚇得連話都說不好，吃驚的看著假金多智。

「我用超能力交換了你和我的身體。」假金多智不懷好意的笑著。

我終於了解事情的來龍去脈了！原來把我變成李金道的人就是李金道，他則占據了我的身體，假裝成金多智。所以不管我怎麼變裝，假金多智都能認出我，因為這本來就是他的身體。

「你為什麼要這樣對我？拜託你，趕快把身體還給我！」

「我說過，是你先來招惹我的。」

我想起從警察叔叔的頒獎典禮回來的那一天，李金道闖進我們家後，確實對我說過這句話。

　　「雖然對你很抱歉，可是是你先做了壞事，我只是幫警察抓到你啊！」

　　「你說得對，我的確搶了銀行，身為善良的市民，你幫警察抓到我也是對的，但我就是不甘心啊！所以我不會把這副身體還給你，請你接下來以『銀行搶匪李金道』的身分活下去吧！」

　　相較於臉上掛著不懷好意的笑容的假金多智，我又氣又無奈，只能流下不甘心的眼淚。

　　看到我流淚後，假金多智竟然用哄小孩的口氣安撫我。

　　「讓我當金多智也沒什麼不好，現在不管在學校還是在家裡，我都比你更受歡迎。你今天也看到了，老師對你總是提一些莫名其妙的問題感到很困擾，但我就不會，因此老師很喜歡我呢！在同學們眼中，我還是個勇敢又大方的小英雄，這是你辦不到的事吧！」

　　「我只是好奇心旺盛，才提出那些問題，媽媽就很喜歡我問問題啊！那些同學都是你用錢換來的，抓住小偷的事八成也是騙人的，而且你還騙了鹹酥雞店的老闆娘！」

我越講越氣，音量也越來越大。

「你們家的家電用品不但噪音很大，還經常故障。我很有錢，可以把那些家電用品都汰舊換新，讓你的家人感到幸福、快樂。而你呢？聽說你曾經想鑽進電視裡，好讓自己出現在畫面中，而且從小到大因為好奇心而弄壞的東西、搞砸的事情多不勝數，經常惹爸爸、媽媽和姐姐生氣。」

「那是我六歲時的事，現在我不會想鑽進電視了，弄壞的東西、搞砸的事情也漸漸減少了。雖然我沒有錢，可是我的家人肯定不會因此討厭我！還有老師和同學，他們應該更喜歡真正的我！」

我激動得大吼，假金多智卻冷漠的看著我。

「面對現實吧！我比你更適合當『金多智』，因為我可以讓大家過著更幸福、快樂的日子。為了你心愛的家人和朋友，你就去當李金道吧！」

我想起逃出監獄後偷偷回家的那一天，爸爸、媽媽和姐姐都因為假金多智的話而笑得很開心。然後想起剛剛老師誇獎假金多智時的高興表情，還有同學們緊跟在假金多智身後的模樣……讓我突然不確定究竟誰比較適合當「金多智」了。

我被假金多智這番話攻擊得遍體鱗傷，渾身無力，只能站在原地流淚。

假金多智頭也不回的離開，但是走沒幾步，他忽然回頭。

　　「對了，你有收到我送給你的隕石，和寫滿科學知識的餅乾盒子吧？」

　　我驚訝的看著假金多智。「是你送來給我的！為什麼？你知道我擁有超能力，也能猜到我一定會利用超能力逃出監獄吧！」

　　「我從你的日記和筆記本中，知道了你發動超能力的方式，因此我特地把你需要的東西都送去給你。怎麼樣？我這個人其實挺善良的吧！

　　畢竟你擁有超能力，如果一直被關在監獄裡真是太可惜了，也許之後我會有需要你幫忙的地方呢！」

　　假金多智露出了不懷好意的笑容，讓我嚇得全身都起了雞皮疙瘩。

　　我知道，假金多智口中的「幫忙」肯定不是什麼好事，或許他是想和之前搶銀行的時候一樣，把壞事嫁禍到我身上。

　　打從一開始，假金多智把小隕石和餅乾盒子送到監獄給我，就是為了讓我幫他背黑鍋，他自己就能逍遙法外了！

　　太可惡了！我絕對不能讓他得逞！

我想再和假金多智爭論，卻發現經過的人紛紛用異樣的眼光看我們，大人被小孩罵哭的稀奇場面也引來了圍觀的人群。

　　我有點慌張，萬一有人認出我這副銀行搶匪李金道的外表，一定會馬上報案，這樣我會被重新關進監獄裡。看了假金多智一眼後，我忍住不甘心的心情，快步離開，回到莫古爺爺的研究所。

　　我絕對不能因此失去勇氣，我一定要恢復原狀，讓那個壞蛋被關進監獄！那天晚上，這個念頭一直在我的腦海中盤旋，直到天亮……

超能力小百科

毛和關節的祕密

人類的身上曾經有很多毛？

很久以前的人類身上有
濃密的體毛，冬天可以抵禦
寒冷，夏天也可以阻隔陽光
照射。不知道從何時開始，
人類身上的毛慢慢掉落，然
後演化成現在的模樣，雖然
很多科學家都對此進行了研
究，不過目前為止還沒有找
到答案。

骨頭和骨頭是怎麼連接的？

連接骨頭和骨頭的構造稱為關節，如果骨頭要互相
連接，還要可以靈活運動，必須和竹子一樣，中間有一
個節，那就是關節。由此可知，骨頭之間不是緊密連接

在一起，中間其實有一些空隙，因此我們的身體又發展出了名為韌帶的部位，保護並讓關節更穩定，避免損傷。

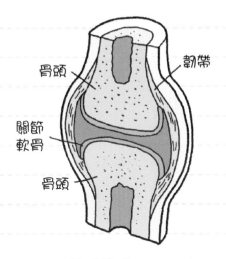

骨頭

韌帶

關節軟骨

骨頭

〈人體關節構造概略圖〉

透過關節疼痛可以預測天氣？

有些老人家會因為關節疼痛，猜想天氣即將變壞，而且準確率通常很高。為什麼透過關節疼痛可以預測天氣呢？到目前為止，科學家還沒有研究出原因，只能猜測應該是天氣變壞前，空氣中的溼度通常會變高，氣壓則會降低，導致關節聚集了比平常更多的血液，才會出現疼痛的症狀。

國家圖書館出版品預行編目（CIP）資料

超能金小弟4八爪章魚變身術 / 徐志源作；李眞
我繪；翁培元譯. -- 初版. -- 新北市：大眾國際書
局, 西元2022.3
136面 ；15x21公分 . -- (魔法學園；6)
ISBN 978-986-0761-32-0 (平裝)

307.9   111000691

魔法學園 CHH006

超能金小弟 4 八爪章魚變身術

作　　　者	徐志源
繪　　　者	李眞我
監　　　修	智者菁英教育研究所
審　　　訂	羅文杰
譯　　　者	翁培元

總　編　輯	楊欣倫
執 行 編 輯	徐淑惠
封 面 設 計	張雅慧
排 版 公 司	菩薩蠻數位文化有限公司
行 銷 統 籌	楊毓群
行 銷 企 劃	蔡雯嘉

出 版 發 行	大眾國際書局股份有限公司 大邑文化
地　　　址	22069新北市板橋區三民路二段37號16樓之1
電　　　話	02-2961-5808（代表號）
傳　　　真	02-2961-6488
信　　　箱	service@popularworld.com
大邑文化FB粉絲團	http://www.facebook.com/polispresstw

總 經 銷	聯合發行股份有限公司
	電話　02-2917-8022　　　傳真　02-2915-7212

法 律 顧 問	葉繼升律師
初 版 一 刷	西元2022年3月
定　　　價	新臺幣250元
I　S　B　N	978-986-0761-32-0

빨간 내복의 초능력자 시즌 1-4
Copyright © 2014 by Mindalive Co., Ltd
Complex Chinese translation copyright © 2022 大眾國際書局股份有限公司
This Complex Chinese translation arranged with Mindalive Co., Ltd.
through Carrot Korea Agency, Seoul, KOREA
All rights reserved.